Vorwort von Professor Daniel T. Jones

Lean Thinking ist gar nicht so neu, wie man vielleicht denken mag. Schon lange bevor die Erfolgsstory des Lean Thinking begann, waren die Erfolgsfaktoren bekannt: Bereits im Venedig des 15. Jahrhunderts war der Schiffsbau so gut organisiert, dass jeden Tag ein Schiff vom Stapel laufen konnte. Henry Ford entwickelte 1914 für sein Model T in Detroit das erste Produktionssystem, das komplett nach dem Fluss-Prinzip funktionierte. Allerdings konnte er damit nur ein einziges Produkt fertigen.

Erst als es Kiichiro Toyoda und Taiichi Ohno in den sechziger Jahren bei Toyota gelang, die fließende Produktion mit hoher Produktvarianz zu verbinden, wurde das ganze Potenzial einer Fließfertigung realisiert. Das Toyota Production System entstand und wurde zum Vorbild für viele Industrieunternehmen. Sein Erfolgsrezept basiert ganz wesentlich auf herausragendem Prozessmanagement.

Die Beispiele für wirkungsvolles Lean Management kommen aus vielen Ländern, die meisten allerdings noch aus den USA und Großbritannien. Die Skala reicht von der punktuellen Anwendung bis hin zur Umstellung ganzer Produktionssysteme. Kein Zweifel, Lean Thinking führte und führt zu nachweisbaren Erfolgen.

Dass in den letzten Jahre das Interesse an Lean Management und den verschiedenen Tools nicht nur in der Industrie, sondern auch in anderen Bereichen der Wirtschaft wuchs, ist keine Überraschung.

Für Länder mit hoch entwickelten Wirtschaftssystemen wie die USA, Deutschland, Großbritannien und viele andere liegen die wirtschaftlichen Chancen zukünftig vor allem im Bereich Service. Gerade in den Dienstleistungsbranchen fordern die Kunden einen immer besseren Service; zugleich ist die Konkurrenz sehr stark. Eine effiziente Organisation der Abläufe und hohe Produktivität sind entscheidende Faktoren, um die Wettbewerbsfähigkeit zu sichern. Es gab daher in der Vergangenheit bereits einige Versuche, Lean Management auf Servicebereiche zu übertragen – mit gemischten Erfolgen, mit auf einzelne Ansatzpunkte beschränktem Kaizen und viel Verwirrung über Lean Thinking insgesamt.

Doch durch die Anwendung neuer Tools, wie zum Beispiel das Value Stream Mapping oder die Modularisierung von Prozessen, konnte ein Lean System entwickelt werden, das den Weg zum Erfolg von Lean auch in den Bereichen Administration und Service ebnen wird.

Die bereits sichtbaren guten Ergebnisse weisen darauf hin, dass die Anwendung von Lean auf die Verwaltungsbereiche von Unternehmen und auf Dienstleister wie Versicherungen, Facility Management, die Post, das Gesundheitswesen oder die öffentliche Verwaltung eine zentrale Quelle für Wirtschaftswachstum in den hochentwickelten Ländern sein wird.

Dazu ist es wichtig, die grundlegenden Vorgehensweisen und Tools weiterzuentwickeln, die es Unternehmen und Organisationen erleichtern, diesen Weg zu verfolgen. Diese Aufgabe erfüllt das Workbook "Lean Administration", mit dessen Hilfe Manager und Mitarbeiter in Verwaltung und Dienstleistungsunternehmen ihre Prozesse lean organisieren können.

Ich freue mich darauf, die ersten Erfolgsstories zu hören und in der Lean Community zu diskutieren!

Juli 2004

Professor Daniel T. Jones

Leiter der Lean Enterprise Academy, Herefordshire, UK

Inhaltsverzeichnis

Die Autoren:

Dr. Bodo Wiegand ist Leiter des Lean Management Instituts in Aachen und Vorstandsvorsitzender der Düsseldorfer Unternehmensberatung proLean Consulting AG. Der Autor mehrerer Bücher und Fachbeiträge zum Thema Lean Management verfügt über umfangreiche Erfahrungen in der Anwendung von Lean Management-Methoden, die er bei zahlreichen Reorganisationsprojekten eingesetzt und aus der Industrie auf verschiedene Branchen und Bereiche übertragen hat. Das Konzept der Lean Administration für die Bereiche Dienstleistung und Verwaltung ist unter seiner Leitung entstanden.

Philip Franck, Diplomingenieur, hat als Berater Lean Management-Methoden bei Dienstleistungsunternehmen angewendet und das Konzept der Lean Administration für die Bereiche Dienstleistung und Verwaltung mit entwickelt.

Kampf der Verschwendung!

"Lean" – im Management gehören diese vier Buchstaben schon längst zum Alltag. Ob Lean Management oder Lean Production, Lean Construction oder Lean Maintenance – der Begriff gehört inzwischen in jeden Bereich unserer Wirtschaft. Kritiker beschimpfen ihn als Ausdruck eines falschen Schlankheitswahns. Doch wer das Wort richtig versteht, übersetzt es nicht einfach mit "dünn", "mager" oder "schmal", was lean im engeren Sinne ja bedeutet. Der Management-Begriff meint sehr viel mehr als einfach nur "schlank".

"Lean" steht für "Werte ohne Verschwendung schaffen" – und ist der Kernsatz einer Management-Philosophie mit einer langen Erfolgsstory. In der Industrie gehören die Lean-Methoden zur gängigen Praxis. Doch bei Geschäfts-, Service-, Dienstleistungs- und Verwaltungsprozessen wird das "Lean Thinking" häufig noch zu sehr vernachlässigt. Warum eigentlich?

In der industriellen Produktion ist es an der Tagesordnung, jede Form der Verschwendung von Zeit und Ressourceneinsatz zu verteufeln und mit speziellen Datenerfassungsgeräten und vielfältigen Kennzahlensystemen sorgfältig zu ermitteln. Immerhin sind die negativen Folgen hoher Lagerbestände, nicht wettbewerbsfähiger Durchlaufzeiten und unklarer Produktionsplanungen mittlerweile ausreichend bekannt.

Daher bauen weltweit agierende Unternehmen Pilotanlagen auf, testen und optimieren diese, um sie dann in anderen Teilen der Welt detailgetreu bis auf die letzte Schraube aufzustellen. Anders sieht es dagegen oftmals in den indirekten Unternehmensbereichen aus. Die zur Produktion gehörenden Verwaltungs- und Serviceprozesse überlassen dieselben Unternehmen dem Management vor Ort und kreieren damit einen indischen, chinesischen oder anatolischen Auftragsabwicklungsprozess, der nur schwer kontrollierbar ist. Warum aber werden nicht die Verwaltungsprozesse genauso standardisiert, nach produktivitätsspezifischen Gesichtspunkten optimiert und geplant wie eine Produktionsanlage?

Dienstleistungs- und Verwaltungsprozesse funktionierten eben anders als Produktionsprozesse, wird mancher einwenden. Wie denn Lean Management hier greifen solle? In der Tat: Es gibt Unterschiede zwischen Prozessen in der Produktion und in indirekten Unternehmensbereichen. Natürlich. Das Produkt der

Administration heißt Information und das macht die Schwierigkeit aus, denn Informationen sind ein kompliziertes Produkt: Sie sind unsichtbar, immateriell, nicht messbar, interpretationsfähig, schwer zu definieren und von unterschiedlichem Wert. Bei der Informationsweitergabe hat man es daher immer mit einem Qualitätsproblem zu tun: Jeder Beteiligte versteht nur das, was er verstehen kann und möchte, oftmals glaubt er auch nur das zu verstehen, was der andere meint, und er gibt nur das weiter, was er für wichtig hält und weitergeben möchte.

Wer also mit dem Produkt Information zu tun hat, muss dafür sorgen, das diese Information transparent wird, genau definiert und eindeutig beschrieben wird. Zugleich aber kann man die Prozesse rund um dieses Produkt wie alle anderen Prozesse auch optimieren und Verschwendung beseitigen.

Dabei lassen sich viele Erfolgsrezepte der fertigenden Industrie auch in den verwaltenden Bereichen anwenden. So hat die fertigende Industrie zum Beispiel mit Just-in-time-Lieferung, Qualitätssicherung und bestens abgestimmten Produktionssystemen dafür gesorgt, dass ihre Produkte in der Regel ohne Mängel zeitnah zum Kunden kommen.

Doch in vielen Büros sind wir von solchen Prinzipien leider noch weit entfernt: Vorgänge kommen auf den Schreibtisch, werden bearbeitet, und wenn eine Information fehlt – Anruf genügt. Der Kollege wird sie schon haben.

Darunter leidet sowohl die Arbeitsproduktivität, die im Bereich Verwaltung meist nur zwischen 50 und 60 Prozent liegt, als auch die Qualität. Da wird lieber hinter vorgehaltener Hand auf den Kollegen verwiesen, der – Sie wissen schon – sein Soll nicht erfüllt. Und gerne übersehen, dass er vielleicht gar nicht mehr leisten kann, weil er schlechte Informationen zu spät auf den Tisch bekommt oder weil ihm die Anleitung zu seiner Arbeit nicht ausreicht. Es ist eher die Ausnahme, dass im Office jemand hinterfragt, warum es in punkto Produktivität, Qualität oder Leistung hapert.

Aber ist es um die Messbarkeit dieser Parameter im Bereich der Verwaltung, in den Service- und Dienstleistungsprozessen und den indirekten Bereichen wirklich so schlecht bestellt, nur weil nichts produziert wird?

Keineswegs. Auch solche Abläufe sind sehr wohl messbar und industrialisierbar, wenn man sie von der Prozessebene aus betrachtet. Auch Geschäftsprozesse sind eine Aneinanderreihung von Tätigkeiten und daher mit Montageprozessen in der Produktion vergleichbar. Der Unterschied betrifft lediglich die

Objekte: Bei Geschäftsprozessen entstehen keine Güter, die man anfassen kann, sondern es geht eben um Information und Informationsweitergabe. Die Information (die Zahl oder der Wert) ist hier das Einzelteil, um das es auch bei Montageprozessen geht, und ihre Darstellung (das Formular oder die Grafik) entspricht der Komponente. Verarbeitet werden sie auf speziellen "Montageplätzen", nämlich in den Büros, zwischen denen es Schnittstellen gibt wie in der Fabrikhalle zwischen Endmontage und Lackiererei.

Um diese Prozesse geht es bei Lean Administration.

Mit industriellen Ansätzen werden stabile Prozesse mit definierten Schnittstellen, hoher Produktivität, wenigen Fehlern und geringem Anteilen von Verschwendung geschaffen, um die Parameter Produktivität, Qualität und Leistungsvermögen in den Büros so zu verbessern, wie es in der Industrie üblich ist. Lean Administration leistet damit einen entscheidenden Beitrag zur Produktivitäts- und Qualitätsverbesserung der administrativen Tätigkeiten – und das bei geringerer Bearbeitungszeit.

Schließlich müssen auch die Mitarbeiter in der Verwaltung die vier wichtigsten Wettbewerbsfaktoren im Blick behalten. Ihre Leistungen müssen

- jederzeit abrufbar sein (Verfügbarkeit)
- fehlerfrei sein (Qualität)
- den jeweiligen Anforderungen entsprechen (Individualität)
- so wenig aufwändig sein wie möglich (Kosten)

Unternehmen, die diese vier Wettbewerbsfaktoren im Griff haben, leben "Business on Demand". Es gibt zahlreiche Beispiele, wie gut, vielfältig, schnell und auch noch preiswert produziert werden kann. Bei Dienstleistungs-, Service- oder Verwaltungsprozessen jedoch ist Business on Demand noch vielerorts ein Fremdwort, von dem keiner etwas hören will. Dabei lassen sich die vier Faktoren auch in den Büros gedanklich leicht übertragen:

1. Verfügbarkeit:

Die Durchlaufzeit bzw. die Verfügbarkeit der Leistung erhöht sich automatisch, wenn man Schnittstellen reduziert, Engpässe beseitigt und Prozessketten verkürzt. Warum also sitzen zum Beispiel die zuständigen Sachbearbeiter, die einen Auftrag bearbeiten oder einen Versicherungsantrag genehmigen müssen, nicht in einem Raum und entscheiden innerhalb eines Tages über den Fall?

2. Qualität:

Die Qualität wird verbessert, wenn man Formulare standardisiert, Input und Output genau definiert, die Prozesse beschreibt und die Qualitätskriterien festlegt. Warum also werden Formulare oder IT-Masken nicht so aufgearbeitet, dass sie nach den Prinzipien des Poka Yoke funktionieren und man gar keine Fehler mehr machen kann?

3. Individualität:

Die Individualität der Angebote ist leicht zu steigern, wenn man die einzelnen Hauptprozesse in die Teilprozesse und Einzeltätigkeiten zerlegt und daraus autonome Prozessbauteile (Module) bildet, aus denen sich alle kundenspezifischen Leistungen individuell zusammenstellen lassen. Warum also ist es im administrativen Bereich häufig so schwierig, kundenindividuelle Lösungen zu finden und flexibel zu reagieren?

4. Kosten:

Die Kosten sinken, wenn man die Prozesse optimiert, Verschwendung bereinigt und die individuelle Leistung misst. Warum also haben die meisten Mitarbeiter in den Büros keine Vorgaben, an denen sie sich messen können? Warum sind Besprechungen oft uferlos und die Bearbeitung des E-Mail-Postfaches ebenso ein erheblicher Zeitfresser wie die vielen täglichen Telefonate für Rückfragen?

Wer der tagtäglichen Verschwendung in indirekten Unternehmensbereichen den Kampf ansagen will, wird im Lean Management die richtigen Methoden finden. Lean Administration ist kein Hexenwerk, sondern ein Konzept, mit dem sich die Abläufe in den Büros effizient organisieren lassen. Und zwar in großen und kleineren Unternehmen oder auch in Verwaltungseinrichtungen. Mit diesem Workbook wollen wir Ihnen den Weg dorthin erleichtern.

Die erste Version dieses Workbooks ist im Juni 2004 erschienen. Inzwischen haben wir weitere wertvolle Erfahrungen im Umgang mit Lean Administration gewonnen und diese in die nun vorliegende überarbeitete Version einfließen lassen.

November 2006

Dr. Bodo Wiegand

Lean Management Institut, Aachen

Vorbemerkung der Autoren

Das Beispielunternehmen: Die *Haus & Schloss AG*

Mit der *Haus & Schloss AG* haben wir für dieses Buch einen konkreten Fall konstruiert, um Ihnen die einzelnen Schritte für die Analyse eines Unternehmens beispielhaft darzustellen. Die *Haus & Schloss AG* ist in der Immobilienbranche als Anbieter von Facility Management-Dienstleistungen tätig. Wir hätten auch ein Beispiel aus jeder anderen Branche wählen können. Die *Haus & Schloss AG* ist ein überregional tätiges Unternehmen, es hätte auch ein regionales sein können. Aber wir mussten uns entscheiden! Nach unserer Erfahrung ist die Methodik unabhängig von der Branche und auch von der Unternehmensgröße.

Lean Administration ist eine Vorgehensweise für eine breite Vielfalt von Geschäftsfeldern und lässt sich für komplexe Unternehmen ebenso wie für kleinere Abteilungen oder Einheiten und sogar für eine Einzeloptimierung eines singulären Prozesses anwenden.

Die *Haus & Schloss AG* ist einfach ein typischer Fall. Er enthält alle Elemente und ist genügend komplex, um die Vorgehensweise bei der Einführung von Lean Administration grundsätzlich zu erläutern und um vor allem die praktische Seite der beschriebenen Methodik zu verdeutlichen.

Die *Haus & Schloss AG* – ein Dienstleister im Facility Management

Unser Beispielunternehmen, die *Haus & Schloss AG*, ist ein in Bayern ansässiger, aber überregional tätiger Anbieter von Serviceleistungen im Bereich des Gebäudemanagements. Das Dienstleistungsunternehmen hat sich auf die Verwaltung von gehobenen Immobilien spezialisiert. Durch den Zukauf einer Firma für Gartenpflege und die spätere Fusion mit einem technischen Gebäudeinstandhalter vor einigen Jahren kann das gesamte Produkt-Portfolio des Gebäudemanagements angeboten werden.

Ziel der verschiedenen Umstrukturierungen war es, den Marktanforderungen an die Unternehmensorganisation gerecht zu werden. Bisher gab es aufgrund der gesicherten Kunden- und Preisstruktur jedoch keinen Bedarf, an diesen zusammengewachsenen Strukturen etwas zu verändern.

Seit etwa zwei bis drei Jahren versuchen nun verschiedene andere Anbieter mit einer harten Preispolitik in den Markt zu drängen. Die *Haus & Schloss AG* hat deshalb beschlossen, ihr Unternehmen noch einmal ganz genau unter die Lupe zu nehmen und mit der Einführung von Lean Administration die Abläufe und Strukturen an diese neue Wettbewerbssituation anzupassen.

Wer die Methodik gern ausschließlich theoretisch und ohne Fallbeispiel studieren will, kann die grau hinterlegten Beispielkästen einfach überschlagen. Wer die Methodik lieber am konkreten Fall kennen lernen möchte, kann stattdessen ausschließlich die grauen Beispielkästen lesen und wird dann die spannende Geschichte einer Lean-Administration-Reorganisation zu lesen bekommen.

Wichtige Basisbegriffe

Wer sich erstmals mit Lean Management beschäftigt, wird mit einer Fülle an Fachbegriffen konfrontiert, in denen sich die Komplexität des Lean Thinking spiegelt. Den einen oder anderen wird das zunächst erschrecken. Aber wenn man sich darauf einlässt, wird man schon nach kurzer Zeit nicht nur die Notwendigkeit dieser speziellen Terminologie verstehen, sondern auch locker und leicht selbst das Lean-Vokabular benutzen. Schon mit einigen wenigen Basisbegriffen kann man die Abläufe und Strukturen eines Unternehmens präzise beschreiben. Sie sollen deshalb hier in Kürze vorab erläutert werden :

In den folgenden Kapiteln werden Sie immer wieder auf Begriffe und Elemente der Betriebswirtschaft stoßen, die für die Betrachtung hier wichtig sind, deren ausführliche Erklärung den Rahmen dieses Workbooks jedoch gesprengt hätte. Verzichtet haben wir auch auf Erläuterungen zum Projektmanagement. Hinweise auf entsprechende Fachliteratur können Sie jederzeit über das Lean Management Institut erhalten.

Im Zentrum des Lean Management steht das Prozessdenken und der Prozess. Gemäß der internationalen Norm ISO 9 000:2 000 zur Regelung von Qualitätsmanagementsystemen ist ein Prozess ein Satz von in Wechselbeziehung oder Wechselwirkung stehenden Tätigkeiten, der Eingaben in Ergebnisse umwandelt.

Verständlicher ausgedrückt: Ein Prozess ist eine Anordnung von Tätigkeiten,

Der Bewerbungsprozess bei der Haus & Schloss AG

Der Personalleiter der *Haus & Schloss AG* bekommt eine Bewerbung auf den Tisch. Er bearbeitet die Bewerbung, indem er sie dem zuständigen Abteilungsleiter zuordnet, die Unterlagen auf Vollständigkeit prüft und für den Absender eine Eingangsbestätigung erstellt. Schließlich übergibt er die Bewerbungsunterlagen und die Bestätigung an die Hauspost zur entsprechenden Weiterleitung bzw. Versendung.

In diesem Fall ist die eingehende Bewerbung der Prozessauslöser, die Bearbeitung über mehrere Schritte der Prozessablauf und die bearbeitete Bewerbung und Eingangbestätigung im Postausgang das Prozessergebnis.

die durch ein bestimmtes Ereignis ausgelöst werden und ein bestimmtes Ergebnis haben.

Betrachtet man die Bearbeitung einer Bewerbung, so wird klar, dass der gesamte Ablauf einer Personalbesetzung aus weit mehr Tätigkeiten besteht, als der reinen Bearbeitung im Personalwesen:

So kommt die Bewerbung am Anfang in der Poststelle an und muss an das Personalwesen geleitet werden. Später kommt es zu einem Auswahlverfahren mit Bewerbungsgesprächen, und bis zur endgültigen Vertragsunterzeichnung passieren noch einige Dinge im Unternehmen. Die oben beschriebene Bearbeitung der Bewerbung im Personalwesen ist also nur ein Teil des gesamten Ablaufs: ein so genannter Teilprozess.

Alle Teilprozesse, die zu diesem Vorgang gehören, bilden insgesamt den Geschäftsprozess mit dem Titel "Stellenbesetzung". Ein Teilprozess besteht aus einer Summe von Tätigkeitsabfolgen, die wiederum zu Prozessen oder später zu autonomen Prozessen (Modulen) zusammengefasst werden können.

Wichtige Kriterien eines Geschäftsprozesses sind, dass er ein Ergebnis von Wert für den Kunden erzeugt und einen Kundenwunsch erfüllt.

Mit dem Begriff Kunde ist im Rahmen der Prozesssprache nicht nur der Kunde im klassischen Sinne gemeint (also z.B. der Käufer einer Ware). Kunde kann vielmehr auch der Empfänger einer Dienstleistung sein, und zwar unternehmensintern ebenso wie extern.

Im genannten Beispiel ist der Kunde der Bewerber, der als "wertvolles" Ergebnis entweder eine Zusage oder eine Absage erhält. Auch wenn inhaltlich eine mögliche Absage der Stelle hier nicht unbedingt zur Zufriedenheit des Bewerbers beiträgt, im Sinne eines Geschäftsprozesses steht als Ergebnis eines Geschäftsprozesses immer die Kundenzufriedenheit.

Diese definierten Prozessergebnisse werden auch als Produkte bezeichnet. Auch hier ist nicht nur das Produkt im klassischen Sinne (z. B. ein Gegenstand) gemeint, sondern darüber hinaus werden die Ergebnisse eines Dienstleistungs-, Verwaltungs- oder Serviceprozesses als Produkte bezeichnet. Die begriffliche Anlehnung an klassisch produzierende Unternehmen ist gewollt, da der Output eines internen oder externen Verwaltungsprozesses den Wertschöpfungsbeitrag der Abteilung oder des Unternehmens zu dem Gut beschreibt, um das es in dem Prozess geht. Dabei ist es unerheblich, ob es sich um einen Gegenstand oder um eine Leistung handelt. So können auch rein unternehmensinterne Abläufe wie zum Beispiel die Bearbeitung und Genehmigung eines Urlaubsantrages oder die Bereitstellung eines Firmenwagens Produkte der jeweiligen Abteilung bilden.

Mit dem Begriff Geschäftsprozess bewegt man sich zunächst auf einer rein theoretischen Ebene. Er umfasst eine theoretische Beschreibung von definierten Aktivitäten, die durch ein bestimmtes theoretisches Ereignis, zum Beispiel "Eingang eines Kundenauftrages", ausgelöst werden.

Im Gegensatz dazu gehört der Begriff Geschäftsvorfall in die praktische Ebene. Er umschreibt die konkrete Ausführung der definierten Tätigkeiten, zum Beispiel "Mitarbeiter Müller prüft den Kundenauftrag", die durch ein konkretes Ereignis ("Fax mit Kundenauftrag geht um 12.03 Uhr ein") ausgelöst wurden.

Ein Geschäftsvorfall ist somit die konkrete prozessbezogene Abwicklung eines Geschäftsprozesses. Der Auslöser eines Geschäftsvorfalls wird als Auftrag bezeichnet.

Ein Modul ist eine in sich abgeschlos-

Module im Rahmen von Geschäftsprozessen

Module beschreiben in sich abgeschlossene optimierte Prozesse, deren Tätigkeitsfolge genau beschrieben ist und eine schnittstellenfreie Bearbeitung aus einer Hand ermöglicht.

Durch Standardisierung der Schnittstellen und die Definition von In- und Output lassen sich die Prozessmodule beliebig zusammenstellen, um Teilprozesse zu beschreiben. Diese Teilprozesse können wiederum zu individualisierten Geschäftsprozessen bzw. Produkten zusammengestellt werden. Ein Modul lässt sich beliebig oft in Teilprozessen verwenden.

sene funktionsfähige Einheit. Es kann im Rahmen seiner Systemgrenzen beliebig mit anderen Modulen kombiniert und zu größeren Einheiten zusammengesetzt werden, um damit verschiedene Funktionen oder Produkte abbilden zu können.

Das wohl einfachste und doch anschaulichste Modul kennen wir bereits aus Kindertagen: der LEGO-Stein. Das genial einfache Prinzip der genoppten Bausteine bietet unendlich viele Kombinationsmöglichkeiten. Die verschiedenen Bausteine setzen der Phantasie kaum Grenzen. So können Autos, Märchenschlösser oder Flugzeuge und später bei einem neuen Spiel aus den gleichen Bausteinen Schiffe und Inseln gebaut werden. Der LEGO-Stein ist insofern ein Modul, als er jederzeit ausgetauscht und durch verschiedene andere Steine ersetzt werden kann. Der Baustein ist für sich alleine eine geschlossene und funktionsfähige Einheit. In seiner Ausprägung kann er unterschiedliche Farben, Längen- und Breitenmaße aufweisen.

So wie aus LEGO-Steinen komplette Bauwerke entstehen, können aus Modulen komplette Produkte zusammengesetzt werden.

Modularisierung bei der *Haus & Schloss AG*

Zwei typische Geschäftsprozesse bei der *Haus & Schloss AG* sind die "Durchführung technischer Instandsetzung in Eigenleistung" und die "Durchführung einer Sonderreinigung (Eigenleistung)". Beide sind aus einer Reihe von Teilprozessen zusammengesetzt.

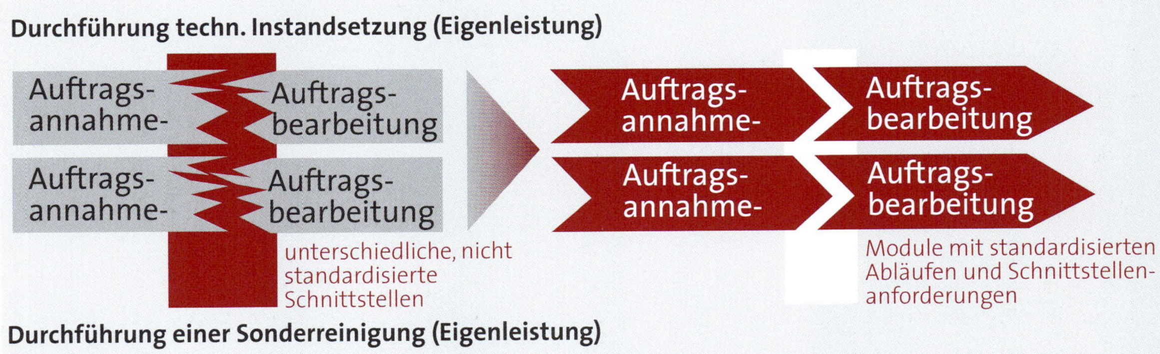

Vergleicht man diese beiden Prozesse (Abb. links), so fällt auf, dass trotz der organisatorischen Trennung zu beiden Prozessen die Teilprozesse "Auftragsannahme" und "Auftragsbearbeitung" gehören. Zwar sind in beiden Fällen die gleichen Tätigkeiten notwendig, doch sind die Abläufe dieser Teilprozesse im Unternehmen unterschiedlich. Der Grund: Die beiden Prozesse "Durchführung technischer Instandsetzung"

und "Durchführung einer Sonderreinigung" gehören zu verschiedenen, organisatorisch getrennten Abteilungen.

Hier schafft die Modularisierung mehr Klarheit (Abb. rechts): Nunmehr gibt es klar definierte Module "Auftragsannahme" und "Auftragsbearbeitung". Zu jedem Modul gehört eine genaue Beschreibung der jeweiligen Tätigkeiten und Schnittstellenanforderungen, sodass es bei Bedarf in jedem Prozess, unabhängig von der organisatorischen Zugehörigkeit, eingesetzt werden kann. Diese Standardisierung führt zu einer höheren Prozesssicherheit und damit zur Erhöhung der Qualität bei der Ausführung.

1. Einleitung

Kann man Dienstleistungen industrialisieren?

Bevor wir in die konkreten Details der Lean Administration einsteigen, überlegen Sie sich bitte in Ruhe, ob Sie die folgenden sieben Statements bejahen oder verneinen würden:

1. Sie bieten für interne oder externe Abnehmer Serviceleistungen an.	**Ja** ☐	**Nein** ☐
2. Ihre Kunden wünschen sich maßgeschneiderte Lösungen für ihre jeweiligen Probleme.	**Ja** ☐	**Nein** ☐
3. Sie haben keinen detaillierten Überblick über die Strukturen Ihrer Geschäftsprozesse in der Verwaltung.	**Ja** ☐	**Nein** ☐
4. Die Kosten für Ihre Geschäftsprozesse in der Verwaltung sind nicht transparent.	**Ja** ☐	**Nein** ☐
5. Ihre Verwaltung arbeitet nicht fehlerfrei.	**Ja** ☐	**Nein** ☐
6. Sie würden Ihre Dienstleistungen gerne kostengünstiger erbringen.	**Ja** ☐	**Nein** ☐
7. Sie werden immer wieder mit ähnlichen Aufträgen konfrontiert.	**Ja** ☐	**Nein** ☐

Nun, vermutlich haben Sie siebenmal "Ja" geantwortet – und damit wären Sie keineswegs allein:

Fast in jedem Unternehmen gibt es – zumindest für interne Abnehmer – irgendwelche Serviceleistungen. Fast immer haben die Abnehmer sehr genaue Vorstellungen davon, was sie gern bekämen. Und fast immer sind diese Dienstleistungen zu teuer – wenn man überhaupt weiß, was für Kosten dabei entstehen.

In den meisten Unternehmen ist der Bereich Verwaltung ein großes schwarzes Loch, das mehr oder minder erfolgreich in den Gemeinkosten versteckt wird. Selten hat die Unternehmensleitung – oder überhaupt irgendjemand – eine genaue Kenntnis der Strukturen, geschweige denn der Kosten für einzelne Abläufe. Stattdessen wird blind vertraut oder still akzeptiert, dass diese Dinge nun mal so viel kosten, wie sie kosten – und das, obwohl diese Serviceleistungen meist auch noch Qualitätsmängel aufweisen: nicht termingerecht, unvollständig oder fehlerhaft geliefert wird.

Bei alledem – und auch mit diesem "Ja" stünden Sie nicht allein – würden die meisten Unternehmen und Institutionen ihre Dienstleistungen gern kostengünstiger erbringen. Sparen, heißt die Devise. Doch nur wo?

Das siebte Statement liefert die Lösung: Schließlich werden auch Sie immer wieder mit ähnlichen Aufträgen konfrontiert. Oder sollten Sie ausgerechnet hier mit "Nein" geantwortet haben?

Dann würde ich Sie auffordern, mal einen Schritt zurückzutreten und ihre Auftragslage kritisch zu betrachten: Gleicht wirklich kein Auftrag dem anderen? Sind all Ihre täglichen Serviceaufgaben so verschieden, dass sich keine Wiederholung einstellt? Gibt es keine Routine in Ihrem Unternehmen? Das wäre schlimm. Jeder Auftrag eine neue Herausforderung, ein neues Lernen, ein neues Denken ... – kaum zu bewältigen, und sicher nicht besonders lukrativ. Erst in der Wiederholung liegt die wirtschaftliche Kraft eines Unternehmens.

Ist Ihre Arbeit wirklich so aufregend vielfältig? Hand aufs Herz! Selbst wenn es in der Verwaltung auf den ersten Blick bunt und chaotisch aussieht, so gibt es in der Regel gerade dort eine Menge Routineaufgaben:

Kein Urlaubsantrag kommt in der Personalabteilung zweimal auf den Tisch: Klar, anderer Mitarbeiter, andere Vertragsvereinbarungen, anderer Termin, andere Abteilung. Dennoch: Das Grundmuster, nach dem ein Urlaubsantrag bearbeitet wird, ist immer dasselbe.

Auch in der Buchhaltung ist kein Geschäftsbericht wie der vorherige, dennoch sind die Wege, wie die Zahlen in die Bilanz finden, Jahr für Jahr im Kern dieselben.

Und selbst in der Poststelle kommen täglich Hunderte von verschiedenen Sendungen an, die jeweils dem einzelnen Mitarbeiter zugeführt werden müssen, und im Postausgang sind täglich massenhaft Briefe, Päckchen und Pakete in alle Welt. Doch auch hier lässt sich die Vielfalt der Arbeit auf vielleicht zwanzig, dreißig wiederkehrende Tätigkeiten zusammenfassen, wenn man mal mit anderen Augen hinsieht.

In jedem Betrieb wiederholen sich etwa drei Viertel der Tätigkeiten und nur ein Viertel oder noch weniger sind Ausnahmearbeiten. Allerdings brauchen diese ungewöhnlichen Arbeiten besonderes Augenmerk und nehmen darum in der Wahrnehmung einen größeren Teil ein. Das ist auch richtig so. Schließlich sollen auch die Ausnahmen genauso gut und schnell erledigt werden wie die Regelarbeiten. Das setzt allerdings voraus, dass die "normale" Arbeit möglichst zügig und problemlos vonstatten geht.

Womit wir beim Thema wären. Denn die meiste Verschwendung findet dort statt, wo sie am leichtesten zu vermeiden wäre: bei den Routineaufgaben! Bei den sich wiederholenden Tätigkeiten ist zugleich auch das größte Einspar-Potenzial. Denn mit den richtigen Instrumentarien kann man auch den bislang undurchsichtigen Servicebereichen eines Unternehmens oder gar in reinen Dienstleistungsunternehmen eine Transparenz und Effizienz schaffen wie in der Montagehalle einer Automobilfabrik.

Und das wird immer dringender. Denn wie sonst können Unternehmen dem steigenden Wettbewerbsdruck begegnen, der durch die Globalisierung der Märkte, aber auch durch die rasante Weiterentwicklung der Technologien ausgelöst wurde? Dieser Wettbewerbsdruck wird durch einen Preisverfall verschärft. Der Kunde schaut immer mehr aufs Geld, will möglichst viel Leistung für möglichst wenig Geld bekommen. Auch und gerade in der Dienstleistungsbranche. Diese Tendenz steht im Gegensatz zum Kostendruck der Unternehmen. Steigende Lohnkosten belasten in besonderem Maße Dienstleistungsunternehmen mit ihrem hohen Personalaufwand.

Zugleich fordern Kunden zunehmend individuelle Produkte – im Servicebereich ebenso wie im Bereich der Fertigung –, akzeptieren aber auch keine langen Wartezeiten.

Ähnlich harte Rahmenbedingungen gelten für die Verwaltungen von Kommunen und staatlichen Institutionen. Schuldenberge einerseits und eine wachsende Aufgabenfülle andererseits fordern eine effizientere Organisation der Verwaltungen, auch um der Wirtschaft und dem Bürger ein attraktives Umfeld mit einer starken Anziehungskraft zu bieten.

Keine Frage, es ist an der Zeit, darüber nachzudenken, wie sich Verschwendung auch in den Bereichen vermeiden lässt, die bislang nicht so sehr ins Gewicht fielen oder die zu kompliziert für eine straffe Reorganisation schienen: Verwaltung, Service, Dienstleistung.

Denn: Dienstleistungen lassen sich genauso industrialisieren wie jede andere Arbeit. Die Instrumentarien dafür sind aus dem Lean Management bekannt und haben sich in der Industrie jahrzehntelang bewährt.

Dass Lean Management auch für Branchen aus dem Dienstleistungs- und Verwaltungssektor und für die Geschäftsprozesse in der fertigenden Industrie Lösungen anbietet, ist neu. Doch Finanz- und Versicherungswesen, Gesundheitswesen, Transport und Logistik, Kommunikationswesen, Konstruktion, Verwaltungseinrichtungen und Handel haben als Dienstleister einen wichtigen

Anteil an der Gesamtwirtschaft. Für sie ist die Übertragung von Lean Management-Methoden und -Konzepten von Produktionsprozessen auf die Geschäftsprozesse ein wirkungsvoller und vielversprechender Ansatz.

Lean Administration stellt einen Werkzeugkasten mit Methoden bereit, mit dem sich die Prozesse optimieren und vorhandene Potenziale effektiv nutzen lassen. Überall in der Welt machen Unternehmen und Institutionen – von General Motors bis zur Deutschen Telekom, von Krankenhäusern bis zu kommunalen Verwaltungen – gute Erfahrungen mit dieser Vorgehensweise.

Man muss nur den Transfer auf die Verwaltung wagen – und intelligent umsetzen. Dann liefert "Lean Administration" die Methoden und Hilfestellung, um alle Geschäftsprozesse lean – also möglichst ohne Verschwendung – zu organisieren. Auch alle die, die sonst im schwarzen Loch der Gemeinkosten verschwinden.

Davon profitieren Unternehmen und Verwaltungseinrichtungen in jeder Hinsicht – in punkto Produktivität und Kosten, aber auch in Hinblick auf Qualität, Verfügbarkeit und Vielfalt aller Leistungen.

Akademisch formuliert ist Lean Administration definiert als die Anwendung von Lean Management-Ansätzen und -Methoden auf den Bereich der Geschäftsprozesse, ganz gleich ob sie in einem Unternehmen oder einer Verwaltungsinstitution ablaufen. Um zu verstehen, warum das möglich ist, muss man sich die Grundprinzipien von Lean Management vor Augen führen. Dann wird schnell deutlich, dass der Lean-Ansatz auch für den weiten Bereich der Geschäftsprozesse geeignet ist.

Die sieben Arten der Verschwendung

Zunächst geht es im Lean Management um ein simples Ziel: Verschwendung vermeiden, und zwar jede Form von Verschwendung!

Was aber ist gemeint mit "Verschwendung"? Niemand wird einfach so Geld aus dem Fenster werfen, weder in einer Behörde, noch in der Verwaltung eines Unternehmens. Dennoch gibt es ein hohes Maß an Verschwendung in fast jedem Unternehmen, Verschwendung, die man auf den ersten Blick gar nicht merkt. Verschwendung, die nicht offensichtlich ist.

So ist es zum Beispiel Verschwendung, wenn im Controlling eines Unternehmens Daten gesammelt und ausgewertet werden, die von anderen Unternehmensteilen gar nicht in dieser Form oder womöglich überhaupt nicht benötigt werden. Da spielt es dann auch keine Rolle, wie schnell oder wie "nebenbei" diese Daten gesammelt werden können. Überflüssig ist überflüssig. So etwas ist Verschwendung.

Es ist auch Verschwendung, wenn ein Antrag eine Woche unbearbeitet in einem Ablagestapel liegt – ganz gleich warum. Der zuständige Sachbearbeiter mag im Urlaub oder krank, der Antrag nicht korrekt ausgefüllt oder einer von ganz vielen sein, die ebenfalls auf eine Bearbeitung warten. Alles wäre Verschwendung. Schließlich hängt an der Genehmigung oder Ablehnung des Antrags ein ganzer Geschäftsvorgang, der gebremst wird. Eine Woche lang wird der Kunde aufgehalten, eine Woche lang steht dieser kleine Teil der Wirtschaft gewissermaßen nutzlos im Stau.

Es gibt reichlich Möglichkeiten, Mittel und Ressourcen zu verschwenden:

Die sieben Arten der Verschwendung

■ Überproduktion und Blindleistung ...

... verbraucht in unnötiger Weise Arbeitskapazitäten und Material, wenn beispielsweise nur auf Verdacht ein paar hundert Kopien von Formularen hergestellt, Projekte für die Schublade geplant oder unnötige Informationen an zu viele Adressaten verteilt werden.

■ Zu hohe Lagerbestände ...

... belasten ein Unternehmensbudget, weil sie Kapital binden oder Raum belegen. Manche fordern zudem zusätzlichen organisatorischen Aufwand, wenn die Artikel zu ihrem Verwendungsort transportiert werden müssen. Das gilt für alle Waren und Materialien, die für verschiedene Dienstleistungen wie zum Beispiel Instandhaltungstätigkeiten benötigt werden.

■ Unnötige Transporte ...

... von Vorgängen oder von Material, die von einem Lager in das nächste verschoben werden, verlängern die Bearbeitungsdauer und binden viel Arbeitszeit.

■ Wartezeit / Liegezeit ...

... von Vorgängen in allen Bereichen eines Unternehmens bedeuten, dass die Bearbeitungszeit sich verlängert und die Kunden, ganz gleich ob interner Mitarbeiter oder externer Kunde, nicht optimal bedient werden.

■ **Nicht sachgerechter Technologie-Einsatz, nicht sachgerechter Arbeitsprozess …**
… führt dazu, dass Vorgänge in den Büros oder Dienstleistungen beim Kunden nicht optimal bearbeitet werden, weil das Potenzial der Technologie, zum Beispiel der EDV, und der Arbeitszeit nicht ausgeschöpft wird (zum Beispiel sogenannte "Insellösungen" in der IT).

■ **Unnötige Bewegungen …**
… haben zur Folge, dass wegen mangelnder Arbeitsplatz-Ergonomie die Qualität der Ergebnisse und Produktivität der Mitarbeiter sinkt. Sich ständig bücken oder strecken müssen, um an Akten oder Werkzeuge zu gelangen, oder für jeden Ausdruck ins übernächste Zimmer laufen zu müssen, weil dort der Drucker steht, sind Beispiele dafür, dass der Arbeitsablauf unterbrochen und die Konzentration gestört wird.

■ **Rückfragen und Qualitätsprobleme …**
… gibt es insofern auch bei Dienstleistungen, als hier verschiedene Arbeitsschritte mehrfach erledigt werden müssen, weil ein Formular nicht richtig ausgefüllt, ein Raum nicht ordentlich gereinigt oder eine Einladung mit falschem Datum verschickt wurde. Anstatt neue, wertschöpfende Aufgaben anzugehen, muss bei den falsch erledigten nachgebessert werden.

Die fünf Prinzipien des Lean Thinking

Verschwendung ist in jedem Fall teuer und ein Kostentreiber in jedem Unternehmen. Natürlich kann man immer alles so lassen, wie es ist. Der Betrieb hat ja auch ohne Lean Management bislang ganz gut funktioniert. Verschwendung ist eine Form von Luxus. Wenn man sich den leisten kann und will, dann – bitte! Nur zu!

Aber die meisten werden die Verschwendung nicht wirklich wollen. Sie wissen nur nicht, wie sie sie vermeiden können. Sie werden vielleicht einwenden, dass dieser Betrieb schon immer so gewesen ist und man das nicht so einfach ändern könne. Außerdem seien gewisse Arbeiten nun mal so, wie sie seien, und nicht zu ändern, denn sonst müsse man das ganze System ändern …

Eben! Genau DAS ist der Punkt!

Wenn die Abläufe eines Unternehmens zu Verschwendung führen, dann muss man die Abläufe ändern. Egal wie lange das Unternehmen schon mit diesen Abläufen funktioniert hat. Tradition kann kein Argument für Verschwendung sein, dagegen ist Verschwendung immer ein Argument für Veränderung: Denn statt überflüssiger Arbeit könnte sinnvolle Arbeit geleistet werden. Für die Urlaubszeit und den Krankheitsfall könnte man eine Vertretungsregelung organisieren. Wenn sich zu viel Arbeit anhäuft, dann könnte man die Arbeit so organisieren und verteilen, dass nichts unerledigt liegen bleibt.

Genau das ist Lean Management. Es geht darum, die Abläufe in einem Unternehmen so zu organisieren, dass die Herstellung der jeweiligen Produkte und Dienstleistungen mit dem geringst möglichen Ressourceneinsatz möglich wird.

Ein Unternehmen ist erst dann gut, also effizient aufgestellt, wenn es die fünf Grundprinzipien des Lean Thinking erfüllt:

Die fünf Prinzipien des Lean Thinking

1. Kundenorientierung

Im Zentrum des Lean Management steht der Wert eines Produktes oder einer Dienstleistung. Dabei wird der Wert immer aus Sicht des Kunden ermittelt: Ein Produkt oder eine Serviceleistung ist nur so wertvoll, wie zufrieden der Kunde damit ist. Nur für die Erfüllung seiner Bedürfnisse wird er einen angemessenen Preis zahlen. Dies setzt voraus, dass Sie Ihren Kunden kennen!

>> Bedienen Sie die Bedürfnisse des Kunden!

2. Identifikation des Wertschöpfungsstroms

Tätigkeiten, die nicht wertschöpfend sind, also den Wert aus Sicht des Kunden nicht erhöhen, sind Verschwendung und müssen daher eliminiert werden. Es ist Aufgabe, detailliert zu analysieren, welche Tätigkeiten tatsächlich notwendig sind und auf welche man verzichten kann.

>> Konzentrieren Sie sich auf wertschöpfende Aktivitäten!

3. Das Fluss-Prinzip

Die verschiedenen Arbeitsschritte bis zum fertigen Produkt oder bis zur abgeschlossenen Dienstleistung sollten nahtlos und ohne Verzögerungen ineinandergreifen. Wartezeiten oder Doppelarbeiten sind Verschwendung. Das Fluss-Prinzip verkürzt die Durchlaufzeiten und senkt die Bestände. Vorhandene Kapazitäten werden optimal ausgelastet.

>> Organisieren Sie kontinuierliche Abläufe!

4. Pull-Prinzip – Bedarfsgerechte Leistungserstellung
Das Pull-Prinzip zielt darauf ab, nur die tatsächlich geforderten Produkte zu produzieren und jede Form von Überproduktion oder Fehlproduktion zu vermeiden. Dabei werden nur die Dienstleistungen erbracht, die die Kunden tatsächlich nachfragen (pull), und keine Leistungen mehr in den Markt gedrückt (push), für die eventuell gar kein Bedarf besteht.
>> Beginnen Sie nur auf Anforderung des Kunden mit Ihrer Leistung!

5. Streben nach Perfektion
Die Zeiten ändern sich, die Ansprüche der Kunden und ihre Erwartungen auch, ebenso die Technologien und das Know-how der Mitarbeiter. Entsprechend muss man immer wieder hinterfragen, ob die – irgendwann mal effizienten – Prozesse immer noch effizient sind. Ein erfolgreiches Unternehmen wird deswegen ständig aufs Neue prüfen, wie sich die internen Abläufe verbessern lassen, um auf Dauer wettbewerbsfähig zu bleiben.
>> Suchen Sie immer wieder nach Verbesserungsmöglichkeiten!

Ausgangspunkt von Lean Management ist immer die Wertschöpfung. Möglichst jede Aktivität soll zur Wertschöpfung beitragen. Dabei ist es gleichgültig, was für eine Form von Wert entstehen soll oder ob der Kunde ein externer Empfänger ist oder eine interne Funktion. Ein Urlaubsantrag ist ein Wert für den Mitarbeiter, ein Controlling-Ergebnis ist ein Wert fürs Management, eine Baugenehmigung ein Wert für den Bauherrn.

Und immer stehen dahinter bestimmte Prozesse, die erst zur Wertschöpfung führen. Nur wer seine Geschäftsprozesse bis ins Mark durchleuchtet und kennt, kann sein Unternehmen effizient führen. Man muss die Strukturen kennen, die Prozesse, die Tätigkeiten jedes einzelnen Mitarbeiters und die jeweiligen Kosten – dann kann man Werte schaffen ohne jegliche Verschwendung. Auch im sonst so undurchsichtigen Dschungel der Geschäfts-, Service- und Dienstleistungsprozesse!

Drei Arten von Tätigkeiten

Auf den Geschäftsprozessen liegt das Haupt-Augenmerk der Lean Administration. Denn genau die sollen ja optimiert werden. Bevor man irgendetwas verbessern kann, muss man es erst genau kennen. Die Analyse steht deswegen am Anfang jeder Reorganisation.

Bei dieser Analyse werden die Geschäftsprozesse im Detail erfasst. Jeder Arbeitsschritt wird unter die Lupe genommen, benannt, gemessen. Dabei findet zugleich eine Art Sortierung der Tätigkeiten statt. Denn auf jeder Tätigkeitsebene lassen sich drei Arten von Tätigkeiten feststellen:

- **Werterhöhende Tätigkeiten:**
  also Arbeiten, die im Sinne des Kunden funktionieren. Hier wird Material oder Information so umgewandelt, dass daraus ein Wert für den Kunden entsteht, ein Wert, den der Kunde auch honorieren würde.
- **Nicht werterhöhende Tätigkeiten:**
  also Arbeiten, die nicht unmittelbar zur Kundenzufriedenheit beitragen, aber als vor- oder nachbereitende Arbeiten unverzichtbar sind.
- **Überflüssige Tätigkeiten (Verschwendung):**
  also Arbeiten, die in gewissem Maße Materialien, Raum oder Zeit benötigen, ohne dass sie in irgendeiner Weise zur Werterhöhung beitragen, geschweige denn vom Kunden gefordert würden.

Tätigkeitsebene optimieren

Werterhöhende Aktivitäten
Eine Tätigkeit, die Materialien oder Informationen umwandelt oder formt, sodass sie den Kundenanforderungen entspricht und der Kunde diese auch honorieren würde.
Optimieren!

Verschwendung
Überflüssige Tätigkeiten, Prozesse, Zeiten, Materialien, Raum usw., die den Wert eines Produktes nicht erhöhen und auch keinen sonstigen sinnvollen Beitrag zur Kundenbefriedigung leisten
Eliminieren!

Nicht werterhöhende Aktivitäten
Tätigkeiten, die zwar keinen werterhöhenden Beitrag für das Produkt oder Kundenbefriedigung liefern, jedoch für darauffolgende Tätigkeiten unabdingbar sind.
Reduzieren!

→ **Erschließung von Potenzialen auf der Tätigkeitsebene, um die Effizienz zu erhöhen**

Und wenn man diese drei Arten von Tätigkeiten ermittelt hat, dann liegt auf der Hand, was zu tun ist, nämlich:

- **Haupttätigkeiten zur Wertschöpfung** sind die wichtigste Tätigkeit überhaupt. Diese werterhöhenden Tätigkeiten sollte man daher stärken und ausbauen, wo es nur geht!
- **Notwendige Nebentätigkeiten** gehören dazu, sollten aber nicht zuviel Raum einnehmen. Nicht werterhöhende Tätigkeiten sollte man so weit wie möglich reduzieren!
- **Organisatorische Tätigkeiten** sind in der Regel nur Ausdruck einer schlechten Organisation, also Verschwendung pur. Überflüssige Tätigkeiten sind unbedingt zu eliminieren!

Ihnen die Ansätze dafür aufzuzeigen und die entsprechenden Maßnahmen zu identifizieren, ist Ziel der Geschäftsprozessoptimierung.

Lean Administration – Potenziale heben

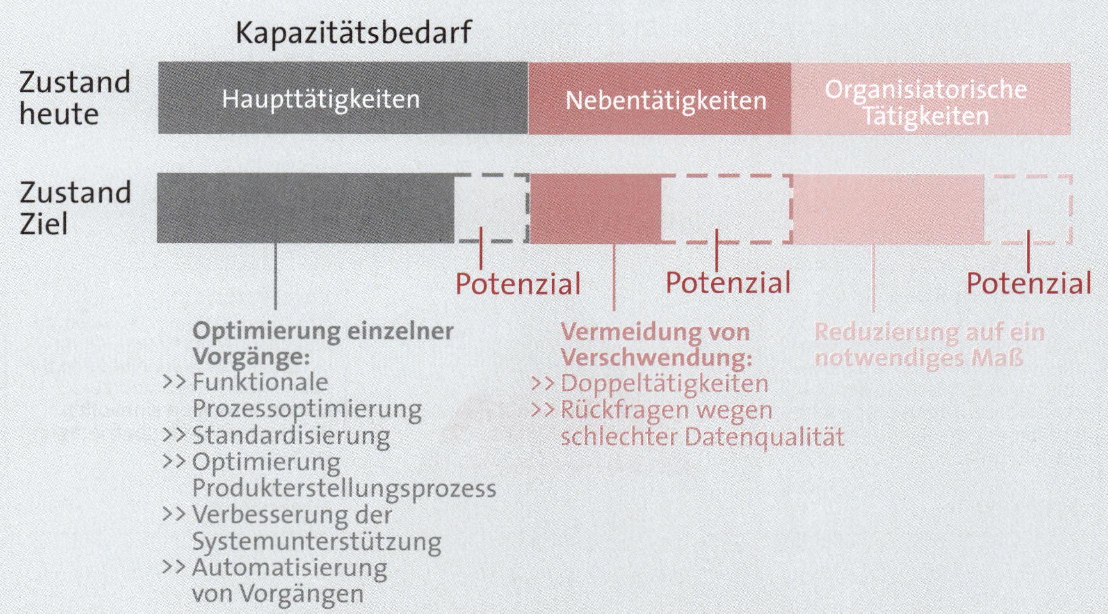

>> Besonders die Nebentätigkeiten bergen ein hohes Optimierungspotenzial, da sie meist große Mängel an den Prozessschnittstellen beinhalten

Der Weg zur Lean Administration im Überblick

- Der Anfang: Analyse in mehreren Stufen
- Der Weg: Modularisierung, Standardisierung, Integrierte Komplettleistungen
- Das Ziel: Lean Administration als Steuerungselement

Exkurs: Noch eins vorab

2. Der Weg zur Lean Administration im Überblick

Der Anfang: Analyse in mehreren Stufen

Vermutlich kennen Sie bereits die eine oder andere Schwachstelle in Ihrer Organisation. Und am liebsten würden Sie sofort loslegen mit der Reorganisation. Das ist verständlich und niemand will unnötig Zeit verplempern. Dennoch: Je genauer Sie die Analyse Ihres Unternehmens durchführen, desto mehr werden Sie am Ende davon profitieren. Machen Sie sich bei der Betrachtung des IST-Zustandes frei davon, ob Sie glauben, dass hier alles stimmt oder gerade nicht stimmt. Vorurteile helfen nicht. Gehen Sie nüchtern und offen an die Bestandsaufnahme – und lassen Sie sich überraschen von den vielleicht doch unerwarteten Ergebnissen.

Das heißt aber nicht, dass Sie die aktuelle Situation komplett in Frage stellen. Vielmehr geht es darum, nach wirkungsvollen Lösungsansätzen zu suchen, um die vorhandenen Abläufe und Strukturen zu optimieren. Ihr Unternehmen wird auch mit Lean Administration noch als Ihr Unternehmen zu erkennen sein.

Es ist einfach wichtig, dass man "die richtigen Dinge tut" (Effektivität), bevor man "die Dinge richtig tut" (Effizienz). Diese richtigen Dinge zu finden, das ist das Ziel der Analyse. Denn Gegenstand der Optimierung sollen selbstverständlich nur die Prozesse werden, die verbesserungsfähig sind – und verbesserungswürdig. Über den optimalen Ablauf von überflüssiger Arbeit braucht sich niemand Gedanken zu machen!

Nur die relevanten Prozesse werden dann im Detail betrachtet. Mit der detaillierten Analyse schaffen Sie eine objektivierte Basis für die weitere Vorgehensweise bei der Optimierung Ihres Unternehmens.

Ziel der Analyse

- Welche Prozesse sind verbesserungsfähig und verbesserungswürdig?
- Wie oft werden diese Prozesse durchlaufen?
- Wie laufen diese Prozesse im Detail ab?
- Wie lange dauern die einzelnen Tätigkeiten in diesen Prozessen?
- Was kosten diese Prozesse?

Damit Sie alle entscheidenden Daten zusammentragen, die zur Vorbereitung der Geschäftsprozessoptimierung gebraucht werden, gibt es ein mehrstufiges Analyse-System.

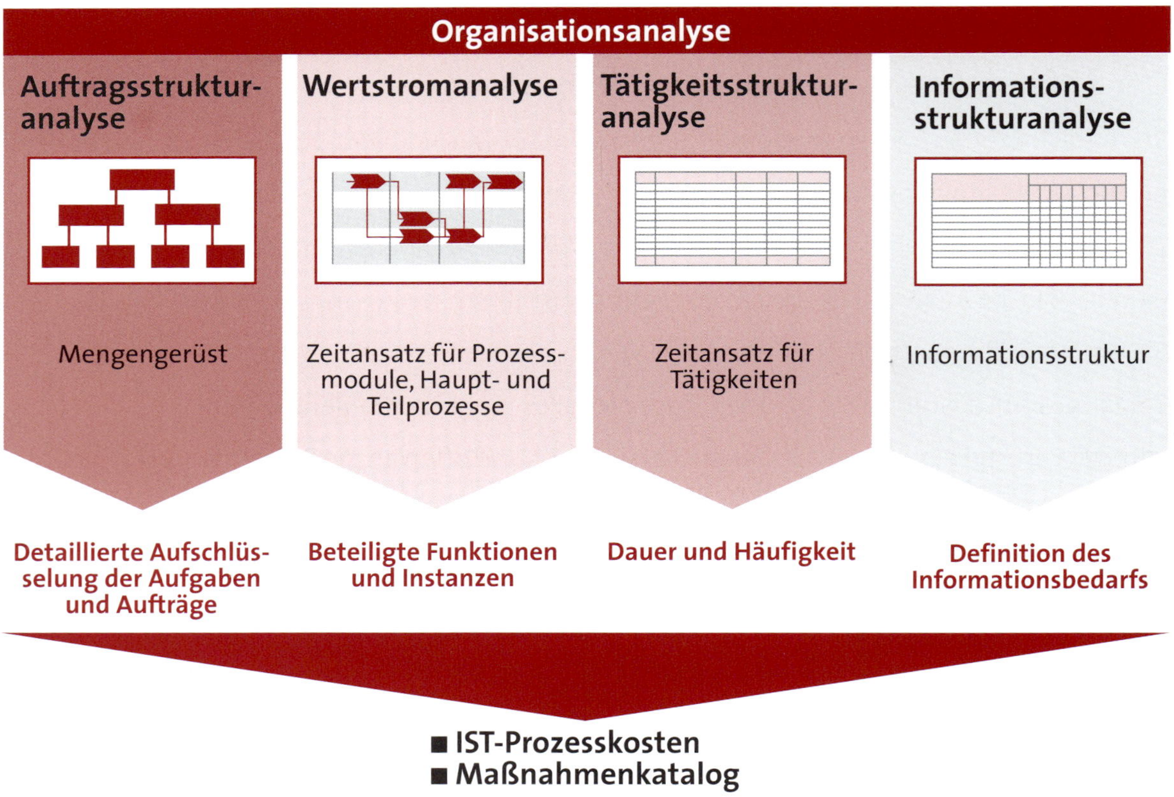

Das Analyse-System stellt sicher, dass Ihr Unternehmen aus allen betroffenen Perspektiven durchleuchtet wird:

■ die Organisation insgesamt

Die Organisationsanalyse ermittelt das organisatorische Umfeld mit den vorhandenen Strukturen und Auftragsmengen, identifiziert Geschäftsgrundlagen und –zweck und definiert die Rahmenbedingungen der täglichen Arbeit.

■ die Struktur der Aufträge und Aufgaben

Die Auftragsstrukturanalyse identifiziert die Mengengerüste und Häufigkeitsverteilung hinter den Geschäftsvorfällen.

■ die einzelnen Prozesse des Wertstroms

Die Wertstromanalyse erfasst sämtliche relevanten Tätigkeitsabläufe innerhalb der verschiedenen Geschäftsvorfälle und identifiziert Schwachstellen bei den Prozessen.

- **die einzelnen Tätigkeiten**
  Die Tätigkeitsstrukturanalyse untersucht die Tätigkeiten der Mitarbeiter, um die erforderliche Arbeitszeit zu ermitteln. Außerdem werden Verbesserungspotenziale sichtbar.
- **die Struktur der Informationen**
  Die Informationsstrukturanalyse hält fest, welcher Informationsbedarf an den verschiedenen Stellen entsteht, wie die Informationen fließen und wo Informationen fehlen.

Auf diesen Analysestufen erhalten Sie umfangreiche Daten, die Ihnen einen genauen Überblick über die aktuelle Kostenstruktur im Bereich der Dienstleistungs- und Verwaltungstätigkeiten in Ihrem Unternehmen geben. Diese Kostentransparenz hilft Ihnen zukünftig in mehrfacher Hinsicht von der Kalkulation bis zum Controlling.

Zugleich können Sie bei dieser Analyse einen Maßnahmenkatalog für die Optimierung Ihrer Prozesse und Strukturen ableiten, der sich aus den identifizierten Schwachstellen ergibt. Neben Sofortmaßnahmen, die kurzfristig umgesetzt werden können und die umgehend Verbesserung bewirken, erhalten Sie auch Ansätze für mittel- und langfristige Optimierungsmaßnahmen. Dieser Maßnahmenkatalog ist Ihr Fahrplan für die weitere Geschäftsprozessoptimierung.

Der Weg: In vier Stufen zur Lean Administration

Die Einführung von Lean Administration wird in Ihrem Unternehmen einige Veränderungen bewirken. Denn Optimierung von Geschäftsprozessen heißt immer auch Veränderung. In vielerlei Hinsicht ist die Einführung von Lean Administration vergleichbar mit der Einführung von Lean Production in der fertigenden Industrie. Im Wesentlichen geht es darum, aus einem aktuellen IST-Zustand einen optimierten SOLL-Zustand zu entwickeln und diesen im betrieblichen Alltag umzusetzen.

Die Analyse ist die erste Stufe. Darum geht es in diesem Workbook. Je gründlicher und genauer Sie diese Analyse in Ihrem Unternehmen durchführen, desto leichter werden Ihnen die folgenden Arbeitsschritte auf dem Weg zur wirklich effizienten, lean funktionierenden Verwaltung fallen.

Wenn Sie Ihre Geschäftsprozesse durchleuchtet und in lauter kleine Teilprozesse und Tätigkeitsabfolgen zerlegt haben, wenn zudem überflüssige Arbeiten eliminiert und wertschöpfende Arbeiten gestärkt wurden, dann können Sie mit der Modularisierung und Standardisierung Ihrer Prozesse beginnen.

Dazu zerlegen Sie Ihre Teilprozesse und Tätigkeitsabfolgen in unabhängige, abgeschlossene Einzelprozesse – sogenannte Module. Diese Module beschreiben die Prozesse in einer sehr detaillierten Art. Sie werden zugleich weitestgehend standardisiert, das heißt ein Modul ist immer gleich, egal wer es wann ausführt. Das ist die zweite Stufe.

Auf der dritten Stufe steht die Integration. Hier werden die Module wie Lego-Bausteine zur individuellen Produkt- und Leistungsgestaltung zusammengesetzt.

Und auf der vierten und letzten Stufe steht die Umsetzung. Jetzt heißt es die neuen Prozesse im Betriebsalltag zu realisieren. Sie passen die Kapazitäten Ihres Personals an, ebenso wie die Organisation. Und Sie beginnen damit, permanent zu überprüfen, ob die Prozesse noch einwandfrei funktionieren und sich damit täglich zu verbessern. Dieser Kontinuierliche Verbesserungsprozess (KVP) wird fortan Ihr ständiger Begleiter sein.

Vier Stufen

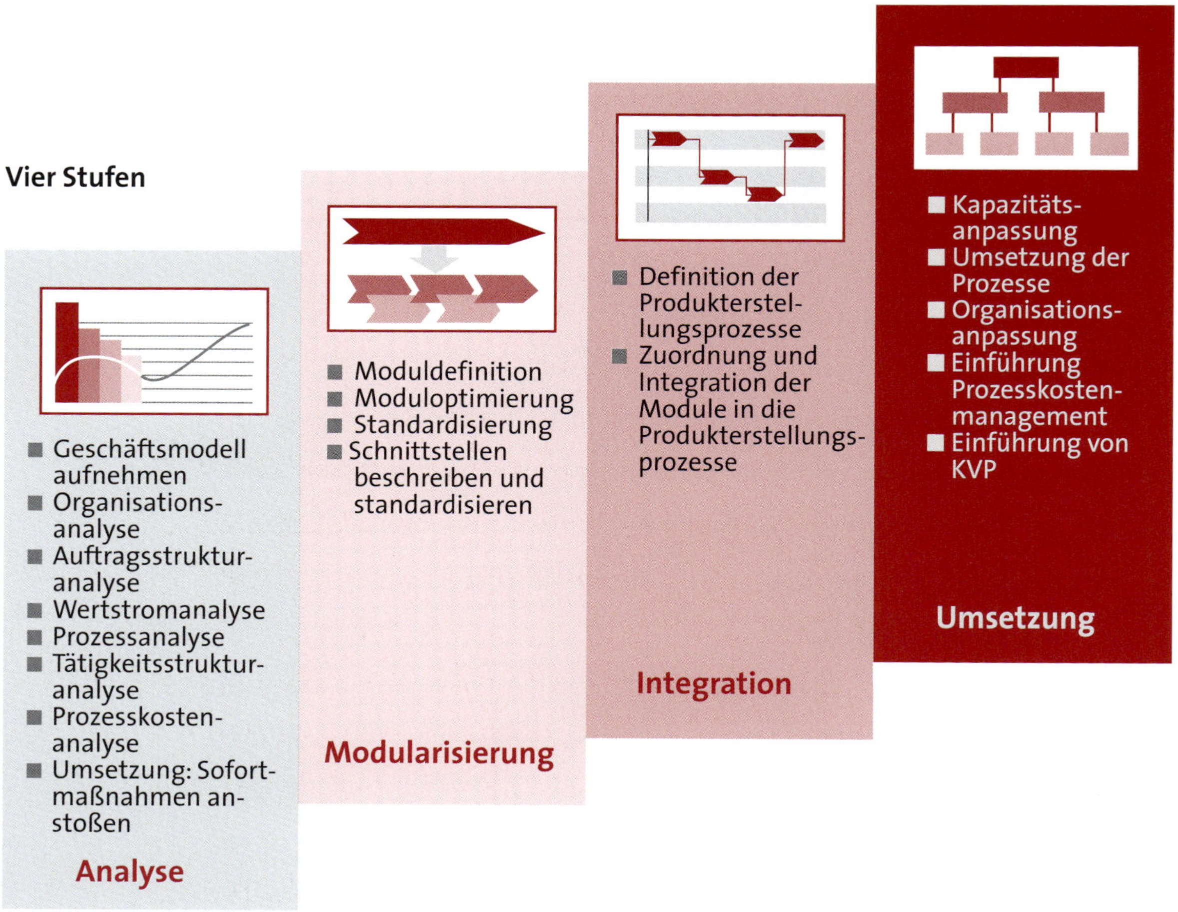

Auf diese Weise schaffen Sie die notwendige Transparenz, um auf effiziente Art und Weise zu arbeiten – effizient meint schnell und günstig. Außerdem sichern Sie zugleich die Qualität, weil Sie genau wissen, was wann wie gemacht werden muss – besser können Sie Fehlerquellen nicht eliminieren. Und schließlich können Sie aus den Modulen vielfältige individuelle Leistungen erstellen und damit nicht nur eine breitere Dienstleistungspalette anbieten, sondern vor allem jedem Kunden ganz persönlich seine Wünsche erfüllen.

Das Ziel: Lean Administration als Steuerungsinstrument

Im Rahmen der Prozessoptimierung werden viele unerwartete Entdeckungen auf Sie zukommen. Sie werden Probleme erkennen und lösen, von denen Sie gar nicht wussten, dass Sie sie hatten.

Und Sie werden nicht nur die Tätigkeiten der einzelnen Mitarbeiter oder Abteilungen reorganisieren, sondern vor allem die Schnittstellen. Sie haben sich in vielen Unternehmen als Schwachstellen erwiesen, die wirkungsvoll verbessert werden können, wenn man sie präzise beschreibt. Gerade im Bereich der Geschäftsprozesse sind funktionierende Schnittstellen wichtig. Denn effiziente Informationsverarbeitung bedeutet, dass die benötigten Informationen zur benötigten Zeit am benötigten Ort geliefert werden. "Just in time" nennt das die Industrie, warum nicht auch die Verwaltung?

Just-in-time-Lieferung von Leistungen können Sie in Ihrem Unternehmen ermöglichen, wenn Sie die jeweiligen Prozess-Schnittstellen – die benötigten Daten, Informationen, Unterlagen – so eindeutig beschreiben, dass Ihre Mitarbeiter genaue Vorgaben haben. Wenn klare, routinierte Abläufe entwickelt sind, können nach einer kurzen Umstellungszeit alle Arbeiten "fließend" erledigt und just in time geliefert werden.

Mit optimierten Modulen und definierten Schnittstellen schaffen Sie eine Basis für die effiziente und individuelle Erstellung Ihrer Leistungen. Sie können dann jede interne oder externe Dienstleistung abteilungsintern oder abteilungsübergreifend definieren und mit Hilfe der Module zu integrierten Komplettleistungen zusammenstellen. Dieser Prozess lässt sich dann nochmals in Bezug auf Zuordnung, Verantwortung und Kapazitätsauslastung optimieren – wie Montageprozesse in der Fertigung.

Doch nicht nur das: Was sich vorher im Kostenblock "Gemeinkosten" verborgen hat, wird endlich auch transparent. Durch die Analyseergebnisse gewinnen

Sie einen genauen Überblick über die Abläufe und Kosten in Ihrem Unternehmen. Vorher komplex erscheinende Abläufe sind in Teilprozesse zerlegt und mit den jeweiligen Kostenstellen und Häufigkeitsangaben verbunden.

Sie haben damit eine Grundlage in der Hand, um Angebote genau zu kalkulieren, Aufträge exakt zu planen und abzuwickeln und ein präzises Controlling durchzuführen. Damit bekommen Sie ein wirksames Steuerungsinstrument an die Hand. Das Lean Management Ihrer internen und externen Geschäfts- und Dienstleistungsprozesse hat zudem doppelten Effekt für Ihr Controlling:

- **Prozesskostenrechnung:**
  Ihre Leistungen sind bis in einzelne Tätigkeitsabfolgen hinein analysiert. Bisher nicht planbare Tätigkeiten werden planbar und mit Zeitvorgaben und Prozesskosten genau kalkulierbar (valide und auswertbare Zahlen vorausgesetzt).
- **Kapazitätsermittlung:**
  Die benötigten Kapazitäten für die Leistungen lassen sich kalkulieren, sodass Sie objektive Angaben über Anzahl und Qualität der benötigten Ressourcen erhalten, anstatt weiterhin auf oftmals subjektive Einschät-

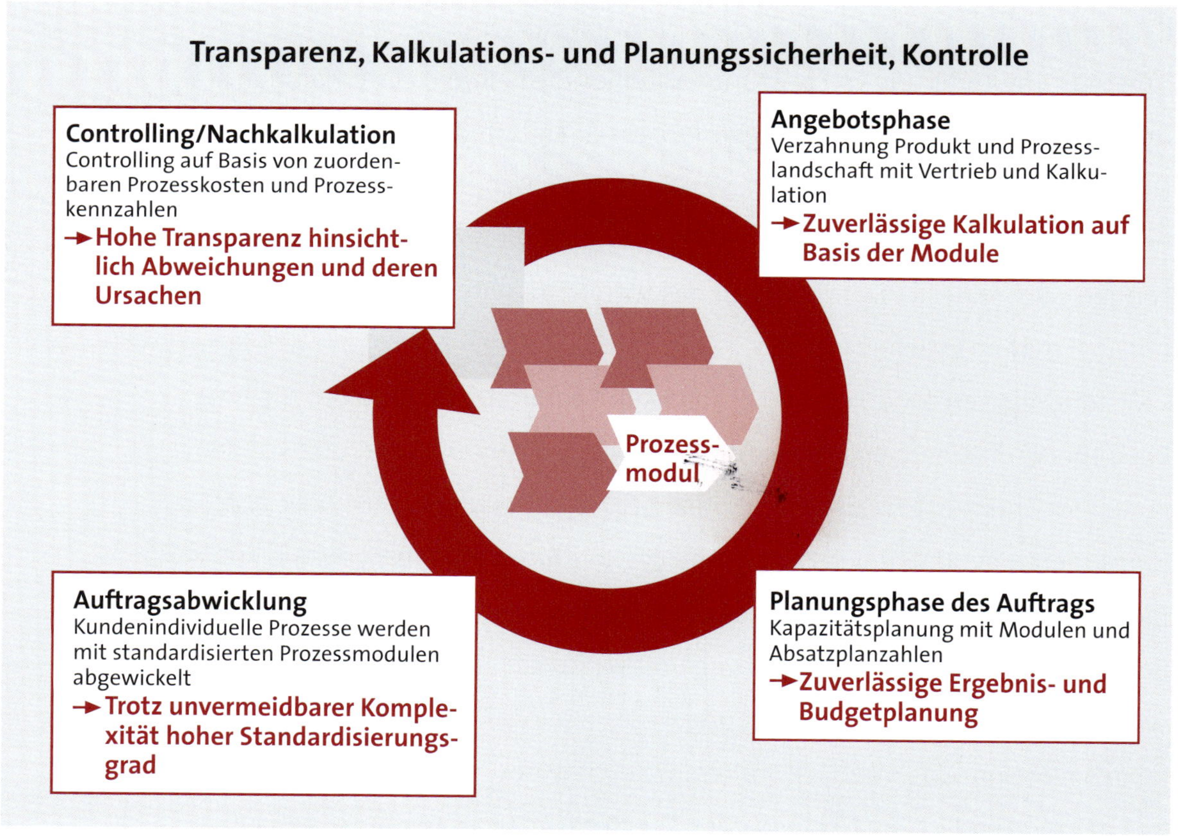

zungen zu bauen. Endlich können Sie Verschwendung identifizieren und den zukünftigen Einsatz Ihrer Mitarbeiter minutengenau planen.

Von Lean Administration profitieren Sie in mehrfacher Hinsicht:

- Vermeidung von Verschwendung
- Geringere Durchlaufzeiten
- Verbesserte Qualität der Abläufe und Schnittstellen
- Planbare Kapazitäten durch Standardisierung und Vorgaben
- Individuelle Angebote durch beliebiges Zusammenstellen der Leistungsmodule
- Kostentransparenz durch zuordenbare Kosten

Und dass Sie bei all dem auch noch zufriedenere und motiviertere Mitarbeiter haben, sei nur am Rande erwähnt. Schließlich motiviert nichts mehr als der Erfolg – und der wird dank der großen Transparenz in Ihrem Unternehmen so sichtbar sein, wie nie zuvor!

Kurz: Durch die Optimierung Ihrer Prozesse und Ihrer Organisation reduzieren Sie den Aufwand zur Erbringung Ihrer Leistungen deutlich. Das macht sich bei Ihren Betriebskosten bemerkbar und steigert Ihre Wettbewerbsfähigkeit.

Die Effekte von Lean Administration

- Kosten einsparen
- Komplexität reduzieren
- Transparenz erhöhen
- Kalkulierbarkeit steigern
- Planbarkeit steigern
- Kundenzufriedenheit steigern
- Qualität der Leistungen steigern
- Mitarbeiter besser motivieren
- Veränderungen nachhaltig umsetzen

Exkurs: Noch eins vorab

Nur mit Ihren Mitarbeitern!

Ohne Ihre Mitarbeiter geht gar nichts! Nur wenn Sie alle beteiligten Mitarbeiter von Anfang an in die Veränderung einbeziehen, wird die Reorganisation von Erfolg gekrönt sein. Es sind Ihre Mitarbeiter, die im Unternehmen alle Abläufe genau kennen, vermutlich besser als jede Führungskraft. Es sind auch Ihre Mitarbeiter, die wissen, wo Veränderungsbedarf besteht. Erfahrungsgemäß sind es auch die Mitarbeiter, die häufig die wirkungsvollsten Verbesserungsvorschläge parat haben. Und am Ende sind es auch die Mitarbeiter, die jede gewünschte Veränderung realisieren müssen – und wollen sollten!

Bemühen Sie sich daher, Ihre Mitarbeiter zu motivieren, diese Veränderungen mitzutragen und ihre Potenziale einzubringen. Das ist in allen Phasen der Geschäftsprozessoptimierung wichtig. Gerade in der Analysephase, in der die Tätigkeiten und der jeweilige Zeitaufwand Ihrer Mitarbeiter dokumentiert und ausgewertet werden, kann leicht ein falscher Eindruck entstehen.

Es geht nicht um Kontrolle! Das sollten Sie Ihren Mitarbeitern von Beginn an deutlich vermitteln. Jeder einzelne Mitarbeiter sollte wissen, dass die Strukturen im Unternehmen verbessert und nicht die Leistung des Einzelnen beschleunigt oder kontrolliert werden sollen. Das Ziel der Analyse ist eine detaillierte Bestandsaufnahme, die die Basis für die zukünftigen Veränderungen bilden soll. Die Reorganisation soll schlussendlich auch den Mitarbeitern ihre Arbeit erleichtern und dauerhaft erfolgreiche Arbeit ermöglichen.

Verfahren Sie nach der 80:20-Regel

Bei der Einführung von Lean Administration werden Sie vermutlich auch Bedenkenträgern begegnen, die eine erfolgreiche Umsetzung anzweifeln. Diese Kritiker argumentieren mit Ausnahmen und Spezialfällen, die es immer gibt und geben wird. Lassen Sie sich nicht entmutigen und verlassen Sie sich konsequent auf die 80:20-Regel:

> 80 Prozent des Erfolges beruhen auf 20 Prozent des gesamten Aufwandes
> oder: 80 Prozent normale Abläufe stehen 20 Prozent Ausnahmen gegenüber.

Selbst wenn es in Ihrem Unternehmen nur 50 Prozent normale Abläufe geben sollte: Fangen Sie bei diesen 50 Prozent an oder auch nur bei einem einzigen Prozess. Sie werden feststellen, dass die beschriebenen Instrumente funktionieren und der Erfolg sich einstellt – und dann fortfahren.

Analyse-Schritt 1: Unternehmensstrukturanalyse

Wie sieht Ihr Unternehmen/ Ihre Abteilung aus?

a) Organisation

b) Personal

c) Kunden

d) Wettbewerb

e) Stärken und Schwächen: die SWOT-Analyse

Ergebnisse in Ziele umwandeln

3. Lean Administration

Analyse-Schritt 1:

Unternehmensstrukturanalyse: Wie sieht Ihr Unternehmen/ Ihre Abteilung aus?

Vermutlich werden Sie spontan abwinken: Eine Analyse Ihres Unternehmens müsse nicht bei den Geschäftszielen oder beim Organigramm anfangen. Das alles kennen Sie zur Genüge. Das sei Ihr tägliches Geschäft. Sonst könnten Sie nicht Tag für Tag wichtige Entscheidungen treffen. – Umso besser!

Wenn Sie all die Basisdaten griffbereit haben, werden Sie mit dem ersten Analyseschritt schnell fertig sein. Denn ganz gleich wie gut Sie – oder/und Ihre Mitarbeiter – Ihr Unternehmen zu kennen glauben, es ist für das weitere Vorgehen sehr hilfreich, wenn Sie die wichtigsten Daten einmal übersichtlich – im Sinne der Lean Administration – zusammenstellen. Erleichtern Sie sich die späteren Analyseschritte, indem Sie eine grundlegende Datensammlung erstellen, mit der Sie über alle benötigten Daten verfügen.

Das kostet Sie jetzt am Anfang ein wenig Arbeit, um aus verschiedenen Bereichen Ihres Unternehmens Zahlen und Fakten zusammenzutragen. Später haben Sie dann jedoch mit einem Handgriff oder einem Tastendruck die jeweils benötigten Angaben zur Hand und können sich ganz auf die Analyse und ihre Auswertung konzentrieren.

Verwenden Sie genügend Aufmerksamkeit für die Dokumentation der gesammelten Daten. Die Datensammlung wird Ihnen nämlich dann am besten nutzen, wenn Sie schnell und einfach zu handhaben ist. Am besten ist dafür eine einheitliche Tabelle geeignet, die in Papierform oder elektronisch geführt werden kann (eine beispielhafte Tabelle finden Sie im Anhang, Tabelle 1).

Bei dieser grundlegenden Datensammlung geht es um folgende fünf Punkte:

a) Organisation

b) Personal

c) Kunden

d) Wettbewerb

e) Stärken und Schwächen

Praxis-Tipp:

Der Workshop als Instrument zur Informationserfassung

Nicht alle Informationen liegen schriftlich vor. Viele sind aber in den Köpfen Ihrer Mitarbeiter durchaus fundiert vorhanden. Um diese Informationen zu erfassen, gibt es ein geeignetes Instrument: Bringen Sie alle betroffenen Mitarbeiter verschiedener Hierarchieebenen in einem Workshop an einen Tisch. So können Sie das gesamte vorhandene Know-how nutzen und bekommen zudem alle verschiedenen Aspekte zu den Fragen zusammen. Die gemeinsame Diskussion gibt zudem allen Mitarbeitern das Gefühl, an den Veränderungen beteiligt zu sein.

Für Workshops steht eine Reihe von Methoden zur Verfügung. Informationen zu den einzelnen Workshopmethoden finden Sie in zahlreichen Fachbüchern. Sie können dann selbst entscheiden, welche Methode für die entsprechende Situation am geeignetsten ist.

Vorbereitung von Workshops und Besprechungen

Allerdings sollten Sie durch eine gute Vorbereitung die Effizienz eines Workshops steigern. Wenn Sie die Agenda und Informationen zu den einzelnen Tagesordnungspunkten vorher verteilen, kann sich jeder Teilnehmer ausreichend vorbereiten. Ein Terminplan, der die Dauer der einzelnen Punkte festlegt, ermöglicht ein straffes Zeitmanagement und verhindert ausufernde Diskussionen.

Ein Zeitrahmen von zwei Stunden reicht in der Regel aus, mehr als 7 – 8 Teilnehmer sollten es nicht sein. Protokollieren Sie die Entscheidungen und abgeleiteten Maßnahmen und stellen Sie das Protokoll hinterher allen Teilnehmern zur Verfügung. Sollten Punkte das vorgesehene Zeitbudget überschreiten, brechen Sie die Diskussion ab und vertagen diese. Damit gewinnen Sie Zeit, um die notwendigen Klärungen vorzunehmen und Konsens herzustellen. Scheuen Sie sich nicht, auch einen Dissens der Meinungen zu akzeptieren und zu protokollieren.

a) Organisation

Für Ihre Datensammlung benötigen Sie einige grundsätzliche Fakten zur Organisation Ihres Unternehmens bzw. Unternehmensbereiches, um später genau zu identifizieren, welcher Mitarbeiter welche Aufgaben erfüllt und für welche Prozesse er zuständig ist.

Dokumentieren Sie daher die Funktionen Ihrer Mitarbeiter, die Hierarchieebenen und die Zuordnung der Mitarbeiter zu den Leitungsebenen. Dabei können Sie auf vorhandene Organigramme zurückgreifen. Auch aus den Stellenbeschreibungen und Ihrem Organisationshandbuch erhalten Sie Angaben zu den einzelnen Aufgabenbereichen und den jeweils benötigten Qualifikationen der einzelnen Funktionen. Diese Angaben sind hervorragend als Basismaterial geeignet, um später damit Plausibilitätsprüfungen durchzuführen.

Lean Administration eröffnet die Möglichkeit für eine strategische Neuausrichtung Ihres Unternehmens hin zu einer prozessorientierten Organisation. Dadurch können sich Chancen und Gestaltungsmöglichkeiten für Ihre Kernkompetenzen und Ihre Wettbewerbsfähigkeit insgesamt ergeben. Entsprechende Hinweise zu diesen Fragen erhalten Sie in der einschlägigen Fachliteratur.

Das Organisationsmodell der *Haus & Schloss AG*

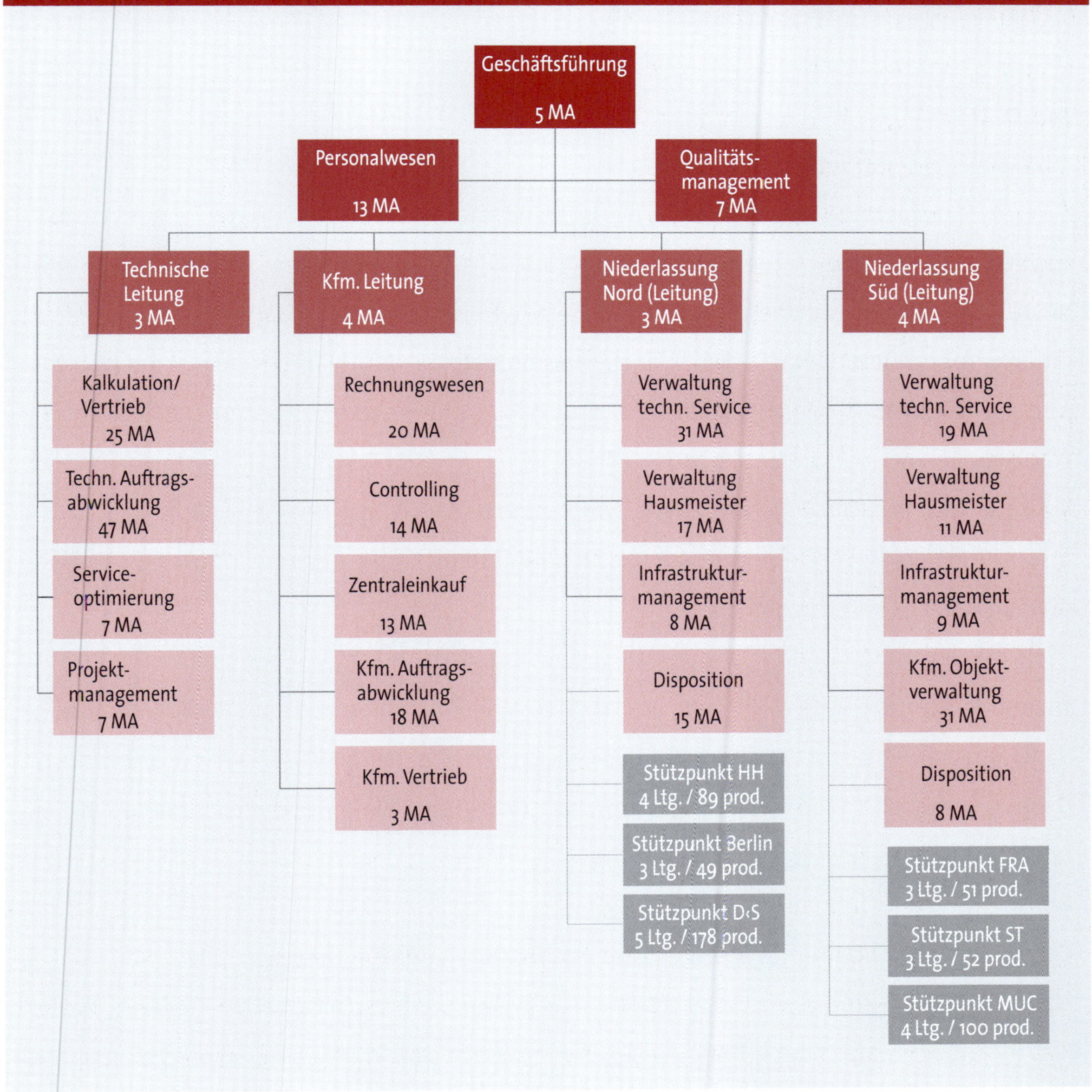

Betrachtet man das Organigramm der *Haus & Schloss AG* näher, so erkennt man schnell, dass viele Funktionen ähnliche Aufgaben innerhalb der Organisation haben. So gibt es eine zentrale technische und davon getrennte kaufmännische Auftragsabwicklung, zusätzlich aber auch in den Niederlassungen eine Verwaltung für den technischen Service, die zum Teil die gleichen Aufgaben hat.

Ursache dafür ist, dass es bei der *Haus & Schloss AG* in den letzten Jahren bereits zu einem Personalabbau im direkten Bereich gekommen ist, ohne jedoch gleichzeitig die Kapazitäten im indirekten Bereich entsprechend anzupassen, da der Verwaltungsaufwand nach wie vor sehr hoch geblieben ist.

Bei einer Gesamt-Mitarbeiterzahl von 883 Mitarbeitern sind nur 60 Prozent (519) produktive Kräfte. Diese teilen sich auf in 380 Hausmeister, 80 technische Servicekräfte, 21 Reinigungskräfte und 34 Garten- und Landschaftspfleger.

Schon an dieser Stelle wird klar, dass man nur durch eine grundsätzliche Optimierung der Unternehmensprozesse und damit eine Abflachung der Strukturen die angespannte Kostensituation in den Griff bekommen kann.

Praxis-Tipp:

Qualifizierte Schätzungen reichen auch

Dass Zahlen nicht aufschlüsselbar sind, ist in vielen Unternehmen an der Tagesordnung. Sogar produzierende Unternehmen, die eine sehr gute Kostenarten-, Kostenstellen- und Kostenträgerrechnung oder sogar eine Prozesskostenrechnung haben, arbeiten häufig mit einem großen Gemeinkostenblock. Diesen verrechnen sie dann auf Produkte und Maschinen, ohne die Kosten aufzuschlüsseln und damit die einzelnen Posten transparent zu machen.

Da gerade im Verwaltungs- und Gemeinkostenbereich viele Leistungen nur auf Zuruf angefordert oder abgeliefert werden, sollten Sie ohnehin nicht auf genaue Zahlen hoffen, sondern sich mit Schätzungen begnügen.

Wenn Sie in den folgenden Schritten in diesem Kapitel also Zahlen, Daten und Fakten sammeln und dokumentieren, können Sie neben den realen Zahlen aus dem Rechnungswesen auch gern qualifizierte Schätzungen verwenden. Eine Genauigkeit von +/- 5 Prozent reicht dabei völlig aus. Um die Schätzungen abzusichern, sollten Sie sie von verschiedenen Beteiligten vornehmen lassen.

Beispiel 1:

Qualifizierte Schätzung für Mengen und Häufigkeiten der Geschäftsvorfälle

Nach der Festlegung Ihrer Geschäftsvorfälle lassen Sie Ihre Mitarbeiter die Anzahl und Häufigkeitsverteilung der einzelnen Geschäftsvorfälle über das Jahr schätzen, dann bitten

Sie Ihre internen Lieferanten und Kunden, dasselbe zu tun. Zum Beispiel: Wie oft haben Sie welche Information eingeholt, um eine bestimmte Leistung, die Ihr Kunde (auch interne Kunden) angefordert hat, liefern zu können?

Beispiel 2:

Qualifizierte Schätzung für Kosten und Verrechnungssätze

Lassen Sie sich die Durchschnittsgehälter der jeweiligen Hierarchiestufe geben. Faktorieren Sie diese und teilen Sie die Gemeinkosten durch die faktorisierte Kopfzahl. So bilden Sie einen Gemeinkostensatz pro Mitarbeiter. Die gesammelten Schätzungen sollten Sie in einem Workshop gemeinsam mit allen Beteiligten diskutieren und sich dann auf Zahlen einigen, die jeder akzeptiert. Beziehen Sie auf jeden Fall Ihren Beauftragten für Organisation und den Beauftragten für Controlling mit ein, damit sofort Konsens über diese Zahlen besteht.

b) Personal

Die Personalkosten sind – gerade im personalintensiven Dienstleistungs- und Servicebereich – ein wichtiger Faktor Ihrer Gesamtkosten. Damit Sie später in der Kostenstrukturanalyse die Prozesskosten berechnen können, brauchen Sie stimmige Informationen über die Personalkosten. Dabei reichen die personenbezogenen Kosten allein nicht aus: Sie benötigen auch die umgelegten Sach- und Gemeinkosten aus der Deckungsbeitragsrechnung.
Besorgen Sie sich dazu im Personalwesen Ihres Unternehmens für jede Stellenbeschreibung den Stundenverrechnungssatz, in den bereits sämtliche Sach- und Gemeinkosten eingerechnet sind.

Stundensätze bei der *Haus & Schloss AG* (Auszug)

Abteilung	Stelle/Funktion	Stundensatz in Euro
Produktivkräfte	Techn. Servicekraft	44,80 €
Verwaltung des technischen Services	Disponent	63,20 €
technische Auftragsabwicklung	Auftragsmanager	65,80 €
Produktivkräfte	Hausmeister	55,20 €

Ordnen Sie jeder Abteilung und Funktion den entsprechenden Stundensatz zu, damit Sie später bei der Berechnung der Prozesskosten schnell Zugriff auf die jeweiligen Zahlen haben.

Für die Haus & Schloss AG sieht diese Aufstellung folgendermaßen aus:

Instanz	Funktion / Funktionsbereich		Anzahl	Kostensatz je MA/h	Gehalts- / Lohnkosten
A	Technische Geschäftsführung	Leiter	1	–	256.891 €
		MA indirekt	1	45,13 €	49.811 €
		MA direkt	0	–	–
1	Technische Leitung	Leiter	1	112,15 €	156.788 €
		MA indirekt	2	78,89 €	89.667 €
		MA direkt	0	–	–
1.1.	Kalkulation / Vertrieb	Leiter	1	98,21 €	127.691 €
		MA indirekt	0	–	–
		MA direkt	0	–	–
1.1.1.	Kalkulation	Leiter	0	–	–
		MA indirekt	15	67,23 €	78.012 €
		MA direkt	0	–	–
1.1.2.	Kundenbetreuung	Leiter	0	–	–
		MA indirekt	5	69,56 €	72.981 €
		MA direkt	0	–	–
1.1.3.	Marketing	Leiter	0	–	–
		MA indirekt	4	83,56 €	98.267 €
		MA direkt	0	–	–
1.2.	Technische Auftragsabwicklung	Leiter	1	102,32 €	134.561 €
		MA indirekt	0	–	–
		MA direkt	0	–	–
1.2.1.	Auftragsmanagement	Leiter	1	88,30 €	102.931 €
		MA indirekt	30	63,20 €	66.411 €
		MA direkt	0	–	–

1.2.2.	**Archiv**				
		Leiter	0	–	–
		MA indirekt	3	48,65 €	48.323 €
		MA direkt	0	–	–
1.2.3.	**Qualitätssicherung**				
		Leiter	0	–	–
		MA indirekt	12	68,46 €	79.052 €
		MA direkt	0	–	–
3.	**Niederlassung Nord**				
		Leiter	1	–	167.282 €
		MA indirekt	2	56,89 €	56.782 €
		MA direkt	0	–	–
3.1	**Verwaltung techn. Service**				
		Leiter	0	–	–
		MA indirekt	17	59,27 €	61.982 €
		MA direkt	0	–	–
3.2	**Verwaltung Hausmeister**				
		Leiter	0	–	–
		MA indirekt	15	58,43 €	60.411 €
		MA direkt	0	–	–
3.3	**Infrastrukturmanagement**				
		Leiter	0	–	–
		MA indirekt	12	56,24 €	59.781 €
		MA direkt	0	–	–
3.4	**Disposition**				
		Leiter	0	–	–
		MA indirekt	12	63,20 €	66.483 €
		MA direkt	0	–	–
3.5	**Stützpunkt HH**				
		Leiter	1	93,71 €	109.783 €
		MA indirekt	3	55,87 €	60.409 €
		MA direkt	89	44,80 €	48.561 €

Tipp:

Versuchen Sie, die Kosten für DV, Marketing und Vertrieb und alle anderen zuordenbaren Kosten aus dem Kostenblock herauszulösen – umso genauer wird Ihr Verrechnungssatz pro Stunde.

Praxis-Tipp:

Wenn Sie keine genauen Zahlen haben

Falls Sie Schwierigkeiten haben, die genauen Zahlen und Informationen zu bekommen oder sie den einzelnen Funktionen zuzuordnen, halten Sie sich an folgende Berechnungslogik: Teilen Sie die Gesamtkosten nach Plausibilitäten auf. Dazu können Sie zum Beispiel die Verteilung der Personalkosten nach Anzahl und Hierarchieebene der Mitarbeiter, die IT-Kosten pro Arbeitsplatz oder die Materialkosten nach Budget oder Kopfzahl auswählen.

Die Personal-, IT-, Material und sonstigen nicht direkt zuordenbaren Kosten werden dann den jeweiligen Funktionen zugeordnet und durch die Anzahl der Mitarbeiter dividiert.

Mit den nun vorliegenden Tabellen haben Sie genaue Kenntnis über die Organisation und die Funktionen Ihres Unternehmens, die Zahl der Mitarbeiter, die dort jeweils tätig sind, und über den Stundensatz, der für die einzelne Arbeitsstunde verrechnet wird. Diese Angaben benötigen Sie für die weiteren Schritte und sie bilden die Grundlage für die Kapazitätsberechnung und Prozesskostenmanagement, mit denen Sie später arbeiten werden.

c) Kunden

In den meisten Unternehmen ist der Kunde der Motor, der die Abläufe und Prozesse auslöst und "taktet". Dabei unterscheidet man nicht nach internen und externen Kunden: Jeder Abnehmer einer Leistung ist "Kunde" – also beim Auftragabwicklungsprozess die Produktion, beim Personaleinstellungsprozess die Leitungsebene und beim Vermietungsprozess einer Immobilie der Mieter. Ganz gleich, wer der Kunde ist, immer kommt es darauf an, für diesen Kunden eine qualitativ hochwertige Leistung effizient zu erstellen.

Wichtig ist, dass Sie die Anforderungen und Wünsche Ihres Kunden kennen und bei der Erstellung der Leistung berücksichtigen. Betrachten Sie die Kundenanforderungen aus der Perspektive der entscheidenden vier Wettbewerbsfaktoren – Verfügbarkeit, Qualität, Individualität, Kosten (V-QIK).

Die Fragen, die sich daraus ergeben, sollten Sie abschätzen, eventuell auch mit Ihren Kunden (auch mit Ihren internen Kunden):

Verfügbarkeit:

Wann möchten Sie unsere Leistung erbracht haben?

- kürzester gewünschter Zeitraum
- längster gerade noch akzeptabler Zeitraum

Qualität:

Welche Anforderungen haben Sie in Bezug auf

- Liefertreue
- Qualität
- Informationen
- Lieferbedingungen

Individualität:

Welche besonderen Wünsche und Ansprüche haben Sie an unsere Leistungen?

Kosten:

Welchen Preis sind Sie bereit dafür zu übernehmen?

- Kosten/Aufwand

Dies erfordert Gespräche mit internen und/oder externen Kunden. Ihr Kunde wird Ihnen in den meisten Fällen bereitwillig antworten, wenn Sie ihm den Grund Ihrer Recherche erklären.

Die gefundenen Bedingungen bilden die Minimalziele Ihres Projektes. Scheuen Sie sich nicht, diese Ziele auch in Prozentwerten anzugeben. Denn nach der Einführung von Lean Administration wird Messbarkeit kein Problem sein. Ganz im Gegenteil: Zur Überwachung und Gliederung Ihrer Erfolge werden die Kennzahlen zu einem wichtigen Erkenntnisgewinn führen und zu einem unverzichtbaren Führungsinstrumentarium werden.

Aus den verschiedenen Informationen wird sich ein objektives Bild von Ihren Kunden und deren Interessen ergeben. Stellen Sie daher die verschiedenen Daten zusammen, am besten wieder in einer Tabelle.

Beginnen Sie mit einer Liste möglichst aller Kunden bzw. Kundengruppen. Ermitteln Sie dazu die jeweiligen Angaben zu Region / Umsatzanteil / Tendenz (wachsende oder abnehmende Bedeutung) / besondere Wünsche. Sehr viele kleine Kunden können Sie zu Kundengruppen zusammenfassen.

d) Wettbewerb

Die meisten Unternehmen kennen Ihre Wettbewerber. Doch diese Kenntnis beschränkt sich in der Regel auf einen groben Überblick über das Leistungsangebot. Damit Sie sich an der Wettbewerbsfähigkeit Ihrer Konkurrenz ausrichten können, sind tiefer gehende Einblicke erforderlich. Welche Leistungen werden angeboten? Wie ist das Preisniveau? Welche Pakete werden geschnürt? etc.

Dieses Detailwissen über Ihren Wettbewerb erleichtert es Ihnen, die Zielgrößen für Ihre eigene Unternehmensentwicklung festzulegen, um – mit Hilfe von Lean Administration – auch weiterhin zukunftsfähig zu bleiben. Nicht zuletzt können Sie mit diesen Informationen für sich auch die Frage nach dem Make-or-buy fundierter beantworten und entscheiden.

Praxis-Tipp:
Nutzen Sie die Kundenbefragung auch bei der Wettbewerbsanalyse
Wenn Sie ohnehin mit Ihren Kunden das Gespräch suchen, um die Bedürfnisse abzufragen, sollten Sie unbedingt auch nach Ihrem Stellenwert im Markt fragen. Gehen Sie hier ebenfalls die Erfolgsfaktoren Verfügbarkeit, Qualität, Individualität und Kosten (V-QIK) durch und fragen Sie den Kunden jeweils nach seiner Einschätzung des Wettbewerbsniveaus.
Das ist insofern wichtig, als die Kundenwahrnehmung und die Realität stellenweise sehr voneinander abweichen, also ein Unternehmen als günstig wahrgenommen wird, das es objektiv gar nicht ist. Oder ein Unternehmen für seine Qualität geschätzt wird, obgleich tatsächlich mit minderwertiger Ware gehandelt wird.
Da jedoch auch und gerade in der Dienstleistungsbranche der Kunde den Wettbewerb entscheidet, sollten Sie seine Sicht auf den Markt unbedingt in Ihre Analyse mit einbeziehen.

e) Stärken und Schwächen des Unternehmens – die SWOT-Analyse

Für die Analyse des Unternehmens reicht der Blick auf die Kunden und die Wettbewerber allein nicht aus. Zusätzlich ist es wichtig, die Positionierung des eigenen Unternehmens im Vergleich zu den Mitbewerbern zu betrachten.

Wo Sie aktuell stehen und welche Position Sie einnehmen, können Sie mit der "SWOT-Analyse" identifizieren. SWOT ist die Abkürzung für die englischen Begriffe "Strength-Weakness-Opportunities-Threats". Zu deutsch wäre das also eine Stärken-Schwächen-Chancen-Risiken-Analyse. Strength und Weakness stehen für interne, also unternehmensbedingte Faktoren, Opportunities und Threats für externe, also markt- und umweltbedingte Faktoren.

Diese Analyse bewertet die eigenen Kompetenzen unter Berücksichtigung der Wettbewerbssituation und hilft Ihnen somit, Probleme und Potenziale zu erkennen. Die Daten ermitteln Sie am besten in einem Workshop mit dem Führungskreis Ihres Unternehmens.

Um die Faktoren, die Ihr Unternehmen kennzeichnen, zu ermitteln, gehen Sie den folgenden Fragenkatalog gemeinsam durch und tragen die Ergebnisse in eine SWOT-Matrix ein:

SWOT-Analyse	
Stärken	**Schwächen**
Chancen	**Risiken**

Stärken:

- Was begründet die bisherigen Erfolge des Unternehmens?
- Welche Chancen besitzt das Unternehmen in der Zukunft?
- Was sind die momentanen Stärken des Unternehmens?
- Worauf ist man im Unternehmen besonders stolz?

Schwächen:

- Welche Bereiche haben in unserem Unternehmen Probleme verursacht?
- Welche Störungen gab es in der Vergangenheit?
- Welche Schwachpunkte müssen zukünftig vermieden werden?
- In welchen Bereichen sind wir besonders umsatzschwach?

Chancen:

- Welche Möglichkeiten bietet der Markt dem Unternehmen?
- Welches ungenutzte Potenzial bietet das Unternehmen?
- Welche Trends gilt es zu verfolgen?

Risiken:

- Welche gesamtwirtschaftlichen und marktbedingten Schwierigkeiten gibt es?
- Was macht der Wettbewerb?
- Stehen technologische oder gesetzliche Veränderungen an?

Ergebnisse in Ziele umwandeln

Am Ende der Organisationsanalyse können Sie das aktuelle Geschäftsmodell Ihres Unternehmens ziemlich genau umreißen. Bei den weiteren Analyseschritten, die weitaus mehr ins Detail gehen werden, können Sie sich immer wieder darauf beziehen. Nun geht es darum, aus diesen Ergebnissen genaue Ziele abzuleiten.

Dabei bieten erneut die vier Wettbewerbsfaktoren V-QIK hilfreiche Ansätze: Welche Ziele bezüglich der Verfügbarkeit, der Qualität, der Individualität und der Kosten sollen nach Abschluss des Projektes erreicht werden? Diese angestrebten Ziele bezüglich V-QIK sollten anspruchsvoll sein und nicht leicht erreichbar. Schließlich liegt schon das Potenzial, das sich aus der Methodik der Lean Administration ergibt, bei mindestens 25 – 30 Prozent Produktivitätsverbesserung.

Das Geschäftsmodell der *Haus & Schloss AG*

Die Geschäftsbereiche Technik, Verwaltung und Service sind teilweise in unterschiedlichen Regionen vertreten. Dabei stellt der Bereich Technik mit 40 Prozent den größten Geschäftsanteil.

Als besondere Kompetenz der *Haus & Schloss AG* stellen sich die Produkte Hausmeisterdienste und Garten- und Parkpflege heraus. Dabei ist zu berücksichtigen, dass der Geschäftsanteil für Garten- und Parkpflege nur 5 Prozent des Gesamtgeschäftes ausmacht und aufgrund der hohen Preise nur in der Region Düsseldorf vertreten ist.

Die Wettbewerbssituation stellt sich in Bayern als besonders angespannt dar. Hier ist durch den Zusammenschluss zweier mittelständischer Mitbewerber ein leistungsstarker Konkurrent im Geschäftsbereich Verwaltung entstanden, der die Preislage deutlich nach unten gedrückt hat.

Die Kundenstruktur ist deutschlandweit sehr gemischt. Lediglich in Bayern gibt es einen Hauptkunden, der der *Haus & Schloss AG* die kaufmännische Verwaltung mehrerer Schlösser in Bayern übertragen hat. Der besondere Umgang mit den zum Teil sehr anspruchsvollen Mietern hat bisher diesen Kunden eng an die *Haus & Schloss AG* gebunden. Durch den Preiskampf des oben genannten Mitbewerbers ist dieser Kunde jedoch zukünftig nicht mehr bereit, an dem bisher vereinbarten Preismodell festzuhalten.

Analyseschritt 2: Auftragsstrukturanalyse

Über welche Mengen sprechen wir?

- Produkte identifizieren, sortieren, gruppieren
- Kriterien für die Analyse der Auftragsdaten
- Prozessverantwortliche benennen
- Die ABC-Analyse
- Die XYZ-Analyse

Analyse-Schritt 2:

Auftragsstrukturanalyse: Über welche Mengen sprechen wir? Produkte identifizieren, sortieren, gruppieren

Welche Produkte beziehen Ihre Kunden, in welchem Umfang und mit welcher Regelmäßigkeit tun sie das? Diese Frage steht im Fokus des zweiten Analyse-Schritts. Gemeint sind dabei die Leistungen, die Ihr Unternehmen bzw. der Unternehmensbereich erstellt.

Geschäftsprozesse, Dienstleistungen und Verwaltungsprozesse werden häufig noch nicht mit dem Begriff "Produkt" in Verbindung gebracht. Doch ist die Personalakquisition, der Abschluss einer Lebensversicherung oder die Zulassung eines Autos eine Leistung, die die jeweilige Organisationseinheit an einen internen oder externen Dritten – den Kunden – liefert. Dieser fordert die Leistung an und bekommt sie nach einer bestimmten Zeit. Damit sind diese Leistungen durchaus den Produkten vergleichbar, die in der fertigenden Industrie entstehen und an den Abnehmer verkauft werden.

Ziel dieses Analyse-Schritts ist es demnach, die Hauptprodukte Ihres Unternehmens bzw. des Bereiches, den Sie optimieren wollen, zu identifizieren – und nach Prioritäten zu sortieren. Denn sicherlich werden Sie – in einem ersten Schritt – nur die Prozesse optimieren wollen, die in Ihrem Unternehmen zu Hauptprodukten führen. Schließlich würde es für die Gesamtproduktivität wenig bringen, wenn Sie zuerst die Prozesse – sagen wir – bei der Urlaubsplanung optimieren. Auch dieses sind Geschäftsprozesse. Und vielleicht erscheint Ihren Mitarbeitern diese Frage sogar am wichtigsten. Doch wenngleich die Geschäftsprozesse der Urlaubsplanung für das Betriebsklima insgesamt nicht unwichtig sind, werden Sie mit der Optimierung der Schlüsselprozesse unterm Strich mehr erreichen. Als Schlüsselprozesse werden diejenigen Prozesse betrachtet, die den größten Anteil am Umsatz bringen und am häufigsten auftreten.

Um einen Überblick über die Art der Geschäftsvorfälle in Ihrem Unternehmen zu erhalten, beginnen Sie bei den Leistungen, die Ihre Kunden anfordern oder bestellen. Tragen Sie alle Produkte zusammen und halten Sie sie in einer Liste nach Produktgruppen geordnet fest. Ordnen Sie den Produkten alle Geschäftsvorfälle zu, die in Ihrem Unternehmen zur Leistungserstellung ablaufen – und berücksichtigen Sie dabei alle Abwicklungsvarianten.

Grundlage für die Analyse bilden Ihre Auftragsdaten sowie die manuelle Erfassung interner und weiterer Geschäftsvorfälle in den Datentabellen.

Für einige der erfassten Geschäftsvorfälle ist der Begriff "Auftrag" auf den ersten Blick vielleicht etwas verwirrend. Der Begriff Auftrag ist im Sinne der Prozesse der Auslöser eines Geschäftsvorfalls, der als Ergebnis ein Produkt hervorbringt. Deshalb wird nicht nur der Auftrag eines externen Kunden als Auftrag verstanden. Auch die eingehende Bewerbung ist ein Auftrag zur Bearbeitung, also der Auslöser eines internen Geschäftsvorfalles.

Praxis-Tipp:

Datenqualität

Voraussetzung für die Auftragsstrukturanalyse ist die garantierte Gebräuchlichkeit der ausgegebenen Daten. Sind die Daten nicht richtig gepflegt oder entsprechen die gebuchten Zeiten, Kosten und Umsätze nicht den tatsächlichen, so nehmen Sie diese Daten nur als Basis für qualifizierte Schätzungen. Spiegeln Sie keine hohe Datengenauigkeit durch x Stellen hinter dem Komma vor, sondern setzen Sie sich mit den Problemen auseinander, zeigen Sie die Fehler und Inkonsistenzen auf und klären Sie, ob sich die Datenqualität verbessern lässt. Ansonsten gehen Sie zu qualifizierten Schätzungen über.

Diese Basis ist dann konsistenter und wird im ersten Schritt hinreichend genau sein, um die IST-Situation darzustellen. All dies sind Probleme, die nur deshalb auftreten, weil es bisher nicht wichtig erschien, die Verwaltungsdaten genauer zu erfassen und in dieser Detailliertheit darzustellen.

Sollten die Daten in Ihrem DV-System vorrätig sein, beachten Sie bitte folgende Hinweise: Bevor Sie die Daten aus Ihrem DV-System herunterladen bzw. in Ihrer IT-Abteilung beantragen, legen Sie zunächst die Kriterien fest, nach denen Sie die Daten auswerten möchten. Erfahrungsgemäß dauert der Datenauszug aus den DV-Systemen meist mehrere Tage, bis alle einzelnen Daten zusammengefasst sind. Deshalb ist es umso aufwändiger, im Nachhinein nochmals einen Datenauszug für weitere Kriterien durchzuführen und in den bestehenden Datenauszug einzuarbeiten. Andererseits führt die Analyse zu vieler Kriterien zu einer Datenmenge, die nicht mehr auswertbar ist. Überlegen Sie deshalb möglichst genau, welche Daten Sie tatsächlich benötigen.

Kriterien für die Analyse der Auftragsdaten:

- Produktbezug (Produktnummern, Gruppenzuordnung etc.)
- Umsatz der Aufträge

- Zeitaufwand der Eigenleistung
- Fremdleistungs- sowie Materialkosten der Aufträge
- Zeitkriterien wie Auftragseingang, Bearbeitungszeitpunkt oder Auftragsabschluss
- Kundendaten (Kundengruppe, Kunden-Nummern)
- Zusätzliche Angaben zu Auftragsinhalt, Auftragsart, Zahlungsart, Auftragsort etc.

Praxis-Tipp:
Saisonbedingte Schwankungen berücksichtigen!
Wenn möglich betrachten Sie ein komplettes Jahr bzw. Geschäftsjahr. Auch wenn die Daten sehr umfangreich sind, wird dadurch die Aussagekraft der Daten gewährleistet.
Wenn Sie den Auswertungszeitraum kleiner als ein Jahr wählen, kann es passieren, dass die Daten saisonbedingte Schwankungen bei einzelnen Produkten nicht erfassen. Um dies trotzdem sicherzustellen, sollten Sie, falls die Datenmenge für ein Jahr zu groß ist, nur eine Teilmenge aller Aufträge eines Jahres abfragen. Ihre IT-Abteilung kann eine solche Teilmenge mit einen Zufallsschlüssel erstellen. So wird das ganze Jahr ausgewertet, die Datenmenge ist aber deutlich kleiner.

Um die Bedeutung des einzelnen Geschäftsvorfalls zu ermitteln, benötigen Sie Angaben zu Umsatz und Häufigkeit pro Monat. Bei der Bewertung helfen Ihnen außerdem die Daten zu Durchlaufzeit, Kundenvarianten, Qualitätsmängeln, Preisen und Erlösen sowie zur Zuständigkeit. Stellen Sie die Daten in einer Tabelle zusammen.

Ist Ihre Liste komplett, können Sie im nächsten Schritt die Produkte nach Produktgruppen clustern. Gruppieren Sie dazu Produkte mit gleichen oder ähnlichen Ablaufvarianten bzw. Geschäftsprozessen und identifizieren Sie die Ausnahmefälle, die nur selten vorkommen.

Übrigens: Man kann für alle Geschäftsprozesse Leistungen definieren und sie nach Produktgruppen zusammenstellen! Ausnahmen sind lediglich einige wenige kreative Arbeitsbereiche bei Grafikern, Werbetextern oder ähnlichem, aber selbst deren Aufgabenspektrum ist zum größten Teil genau definierbar. Selbst für eine Konstruktionsabteilung eines Einzelfertigers kann man Produkte und Geschäftsvorfälle angeben. Denn nur die eigentliche kreative Arbeit

Praxis-Tipp

Produkte der indirekten Bereiche erfassen

Bei den internen Geschäftsvorfällen, für die Ihnen vermutlich keine gesicherten Daten vorliegen, schätzen Sie die Häufigkeit, sodass sich der Umsatz aus Häufigkeit und Kostensatz der produzierenden Abteilung errechnen lässt.

Nicht immer sind die Produkte der indirekten Bereiche wirklich klar abzugrenzen: Manche Produkte werden im Zusammenhang mit produzierten Produkten abgearbeitet, zum Beispiel die Konstruktion eines Produktes oder die Erstellung von Service- und Instandhaltungsunterlagen. Manche Produkte ergeben sich auch aus Dienstverhältnissen, wenn zum Beispiel die Behörde A Unterlagen zur Genehmigung von Antrag X an Behörde B liefert.

Auch in solchen Fällen sind die Leistungen zu erfassen, deren Häufigkeit aufzunehmen und die Komplexität als Umsatz abzubilden:

Aufwand in Stunden x Kostensatz = Umsatz

Diese Produktstruktur und deren interne Ablaufvarianten der Geschäftsvorfälle bilden die Basis für die weiteren Optimierungsschritte.

der Konstruktion bleibt variabel. Wobei diese auch zu clustern und in bestimmten Grenzen zu standardisieren ist.

Praxis-Tipp:

Abwicklungsvarianten!

Das Produkt "Kfz-Zulassung" kann in einer Stadtverwaltung zum einen so erstellt werden, dass der Kunde persönlich vorbeikommt, ein Kennzeichen beantragt, das Nummernschild vor Ort prägen lässt und es anschließend mit nach Hause nimmt.

Es wäre aber auch denkbar, dass der Kunde über das Internet das Kennzeichen und das Nummernschild bestellt, dieses automatisch geprägt wird und per Postversand an den Kunden versandt wird, nachdem die Versicherungsbescheinigung direkt zur Zulassungsstelle geschickt wurde. Beide Fälle haben den gleichen Auslöser (der Kunden möchte sein Auto zulassen) und das gleiche Ergebnis (Kunde hat sein Auto zugelassen und sein Kennzeichen erhalten).

Bei der Erfassung werden hier deswegen zwei Varianten eines Geschäftsvorfalles unterschieden: der Geschäftsvorfall "Kfz-Zulassung vor Ort durchführen" und der Geschäftsvorfall "Kfz-Zulassung über das Internet durchführen". Diese beiden Varianten können Sie entweder in einem Wertstrom oder in zwei getrennten Abbildungen darstellen.

Nr.	Produkt	Geschäftsvorfall	Umsatz	Häufigkeit je Monat	Prozessverant-wortlicher
1	KFZ zulassen	KFZ-Zulassung vor Ort			
		KFZ-Zulassung per Internet			
		...			
2					
3					

Prozessverantwortliche benennen

Um die Übersichttabelle zu Ihren Geschäftsvorfällen zu vervollständigen, ergänzen Sie noch die jeweiligen Prozessverantwortlichen. Damit erhalten Sie die Datenbasis, um die organisatorische Zuordnung der Produkte durchführen zu können.

Identifizieren Sie dazu die Funktionen im Unternehmen, die für das Produkt, das durch den jeweiligen Geschäftsvorfall erstellt wird, verantwortlich sind.

Die Geschäftsvorfälle bei der *Haus & Schloss AG*

Geschäftsvorfälle	Prozessverantwortliche
Produktbereich Technik	
Durchführung technischer Instandsetzung in Eigenleistung	Leiter Service
Durchführung technischer Instandsetzung in Fremdleistung	Leiter Service
Durchführung Inspektion und Wartung	Leiter Service
Durchführung baulicher Maßnahmen in Eigenleistung	Leiter Ingenieurbüro
Durchführung baulicher Maßnahmen in Fremdleistung	Leiter Ingenieurbüro
Bereitstellung eines ständigen Hausmeisters	Leiter Objektmanagement
Beseitigung dringender Störungen	Leiter Service
Durchführung vorfallsbezogener Hausmeisterleistungen	Leiter Objektmanagement
Produktbereich Verwaltung	
Anmietung von Objekten	Leiter Objektverwaltung
Vermietung von Objekten	Leiter Objektverwaltung
Mietvertragsmanagement	Leiter Objektverwaltung

Objektbuchhaltung durchführen	Leiter Objektverwaltung
Nebenkostenabrechung durchführen	Leiter Objektverwaltung
Immobilienverkauf	Leiter Objektverwaltung
Produktbereich Service	
Durchführung einer turnusmäßigen Reinigung	Leiter Infrastrukturservice
Durchführung einer Sonderreinigung (Eigenleistung)	Leiter Infrastrukturservice
Durchführung einer Sonderreinigung (Fremdleistung)	Leiter Infrastrukturservice
Durchführung einer Objektoptimierung	Leiter Infrastrukturservice
Durchführung einer turnusmäßigen Grünpflege (Eigenleist.)	Leiter Infrastrukturservice
Durchführung einer turnusmäßigen Grünpflege (Fremdleist.)	Leiter Infrastrukturservice
Durchführung einer Sonderpflege	Leiter Infrastrukturservice
Interne Geschäftsvorfälle	
Personalbesetzung	Personalleiter
Abschluss eines Rahmenvertrages mit Fremdleistern	Leiter Einkauf
Beantragung und Beschaffung von höherwertigen Wirtschaftsgütern	Leiter Einkauf

Die ABC-Analyse

Als Nächstes untersuchen Sie, wie oft die verschiedenen Geschäftsvorfälle im Arbeitsalltag tatsächlich anfallen. Dazu werten Sie die Mengen aus, die hinter den einzelnen Geschäftsvorfällen liegen. Erfahrungsgemäß bilden nur wenige Produkte den Großteil des Umsatzes bzw. der Kosten ab. Dieses sind die wichtigsten Produkte für das Unternehmen.

Die Optimierung der Geschäftsvorfälle, die diese Produkte erstellen, bringt deshalb auch die größten Einsparungen und Effizienzsteigerungen. Wenn Sie Ihre Geschäftsvorfälle nach Umsatz und Häufigkeit sortieren, erkennen Sie ganz oben in der Reihenfolge Ihre maßgeblichen Schlüsselprozesse. Für diese Sortierung wurde die ABC-Analyse entwickelt.

Die ABC-Analyse für Umsatz und Häufigkeit umfasst folgende Schritte:

a) **Sortierung der Aufträge absteigend nach Umsatzstärke bzw. Häufigkeit**

b) **Kumulierung der prozentualen Anteile**

c) **Identifikation der A- und B-Produkte durch Grenzziehung**

d) **Gegenüberstellung der beiden ABC-Ergebnisse mit Hilfe einer Priorisierungsmatrix**

a) Sortierung der Aufträge:

Listen Sie dazu Ihre Produkte auf und zwar einmal sortiert nach Umsatz und einmal sortiert nach Beauftragungshäufigkeit.

Wie erhalten Sie diese beiden Werte?

Produktumsatz:

Aus den heruntergeladenen Aufträgen filtern Sie die Geschäftsvorfälle und Produktgruppen heraus und summieren die Einzelumsätze. Dies können Sie mit einer Standardfunktion Ihres Tabellenkalkulationsprogrammes leicht durchführen (Pivot-Tabelle).

Beauftragungshäufigkeit:

Zählen Sie mit Hilfe einer Pivot-Tabelle Ihres Tabellenkalkulationsprogrammes die Anzahl der gefilterten Aufträge je Produkt.

Lassen Sie für beide Werte auch gleich den entsprechenden Prozentsatz jedes Produktes bzw. jedes Geschäftsvorfalls errechnen.

Tragen Sie nun, absteigend nach den jeweiligen Prozentwerten sortiert, die Geschäftsvorfälle in die folgenden Tabellen ein und listen Sie dazu die jeweiligen Anteile an Umsatz bzw. Beauftragungshäufigkeit mit den Prozentwerten auf (siehe Kästen S. 58/59).

b) Kumulierung der prozentualen Anteile

Die Kumulierung der prozentualen Anteile zeigt Ihnen den Anteil der Geschäftsvorfälle am Gesamtvolumen. In der Spalte "kumuliert" werden die Prozentanteile der einzelnen Geschäftsvorfälle bzw. Produkte am Gesamtvolumen addiert. Tragen Sie dazu die sich von oben nach unten aufsummierenden Prozentanteile ein. In der letzten Zeile ergibt sich – wenn Sie alles richtig gemacht haben – der Wert von 100 Prozent (die Summe Ihrer gesamten Geschäftsvorfälle).

c) Identifikation der A- und B-Produkte durch Grenzziehung: ABC-Analyse

Anhand der Liste der kumulierten Prozentanteile Ihrer Produkte können Sie nun Ihre A-Produkte und B-Produkte identifizieren. In der Regel machen A-Produkte 70 bis 80 Prozent der Aufträge bzw. des Umsatzes eines Unternehmens aus, B-Produkte weitere 10 bis 20 Prozent, sodass A- und B-Produkte insgesamt einen Anteil von 90 bis 95 Prozent haben. Die übrigen Anteile entfallen auf C-Produkte.

Umsatzverteilung bei der *Haus & Schloss AG*

Umsatzverteilung der Produkte und Geschäftsvorfälle

	Umsatzverteilung			
	Umsatz	**Anteil**	**kumuliert**	**ABC**
Bereitstellung eines ständigen Hausmeisters	19.345.115,00 €	19%	19%	A
Durchführung einer turnusmäßigen Reinigung	18.126.723,00 €	18%	38%	A
Nebenkostenabrechung durchführen	15.827.891,00 €	16%	53%	A
Durchführung einer Sonderreinigung (Fremdleistung)	10.891.582,00 €	11%	64%	A
Durchführung vorfallsbezogener Hausmeisterleistungen	10.794.368,00 €	11%	75%	A
Vermietung von Objekten	5.166.911,00 €	5%	80%	B
Durchführung technischer Instandsetzung in Eigenleistung	4.178.232,00 €	4%	84%	B
Durchführung baulicher Maßnahmen in Fremdleistung	3.489.173,00 €	3%	88%	B
Durchführung einer turnusmäßigen Grünpflege (Eigenleistung)	3.075.354,00 €	3%	91%	B
Anmietung von Objekten	2.437.196,00 €	2%	93%	C
Durchführung Inspektion und Wartung	1.601.827,00 €	2%	95%	C
Durchführung einer Sonderpflege	1.236.843,00 €	1%	96%	C
Durchführung technischer Instandsetzung in Fremdleistung	1.188.561,00 €	1%	98%	C
Durchführung einer Sonderreinigung (Eigenleist.)	845.689,00 €	1%	98%	C
Durchführung einer turnusmäßigen Grünpflege (Fremdleistung)	378.722,00 €	0%	99%	C
Durchführung baulicher Maßnahmen in Eigenleist.	367.118,00 €	0%	99%	C
Immobilienverkauf	365.916,00 €	0%	99%	C
Objektbuchhaltung durchführen	356.181,00 €	0%	100%	C
Mietvertragsmanagement	178.221,00 €	0%	100%	C
Beseitigung dringender Störungen	3.456,00 €	0%	100%	C
	99.855.079,00 €			

Tragen Sie zur Ermittlung der Grenzen die kumulierten Anteile über die Produkte bzw. Geschäftsvorfälle in einem Diagramm (siehe Grafik S. 60) auf. Diese Anteile müssen dabei auch prozentual angegeben werden (20 Geschäftsvorfälle bedeuten also 5 Prozent-Schritte pro Produkt).

Wenn Sie die Punkte verbinden, entsteht eine Kurve, an der Sie die Grenzen zwi-

Beauftragungshäufigkeit bei der *Haus & Schloss AG*

Beauftragungshäufigkeit der Produkte und Geschäftsvorfälle

	Häufigkeit			
	Anzahl	Anteil	kumuliert	ABC
Durchführung einer turnusmäßigen Reinigung	56.175	31%	31%	A
Durchführung vorfallsbezogener Hausmeisterleistungen	50.716	28%	58%	A
Durchführung einer Sonderreinigung (Fremdleistung)	27.901	15%	73%	B
Durchführung technischer Instandsetzung in Eigenleist.	13.572	7%	81%	B
Durchführung einer turnusmäßigen Grünpflege (Eigenleistung)	9.876	5%	86%	B
Nebenkostenabrechung durchführen	7.538	4%	90%	B
Durchführung Inspektion und Wartung	6.127	3%	94%	B
Durchführung einer Sonderpflege	2.987	2%	95%	B
Durchführung einer Sonderreinigung (Eigenleistung)	2.786	2%	97%	C
Durchführung technischer Instandsetzung in Fremdleist.	1.478	1%	97%	C
Vermietung von Objekten	1.292	1%	98%	C
Durchführung einer turnusmäßigen Grünpflege (Fremdleistung)	1.156	1%	99%	C
Objektbuchhaltung durchführen	1.092	1%	99%	C
Anmietung von Objekten	378	0%	100%	C
Mietvertragsmanagement	378	0%	100%	C
Bereitstellung eines ständigen Hausmeisters	245	0%	100%	C
Durchführung baulicher Maßnahmen in Fremdleistung	74	0%	100%	C
Durchführung baulicher Maßnahmen in Eigenleistung	26	0%	100%	C
Immobilienverkauf	17	0%	100%	C
Beseitigung dringender Störungen	3	0%	100%	C
	183.817			

schen den Produktkategorien ablesen können. Als Orientierung gilt: An dem Punkt, an dem die Kurve anfängt zu knicken, also den linearen Charakter verliert, liegt die Grenze zwischen A- und B-Produkten. An dem Punkt, an dem der Knick endet und die Kurve wieder linear wird, liegt die Grenze zwischen B- und C-Produkten. In Prozentwerten ausgedrückt, liegen die beiden Grenzen für die Einteilung in A- und B-Produkte bzw. in B- und C-Produkte bei etwa 70 und 90 Prozent.

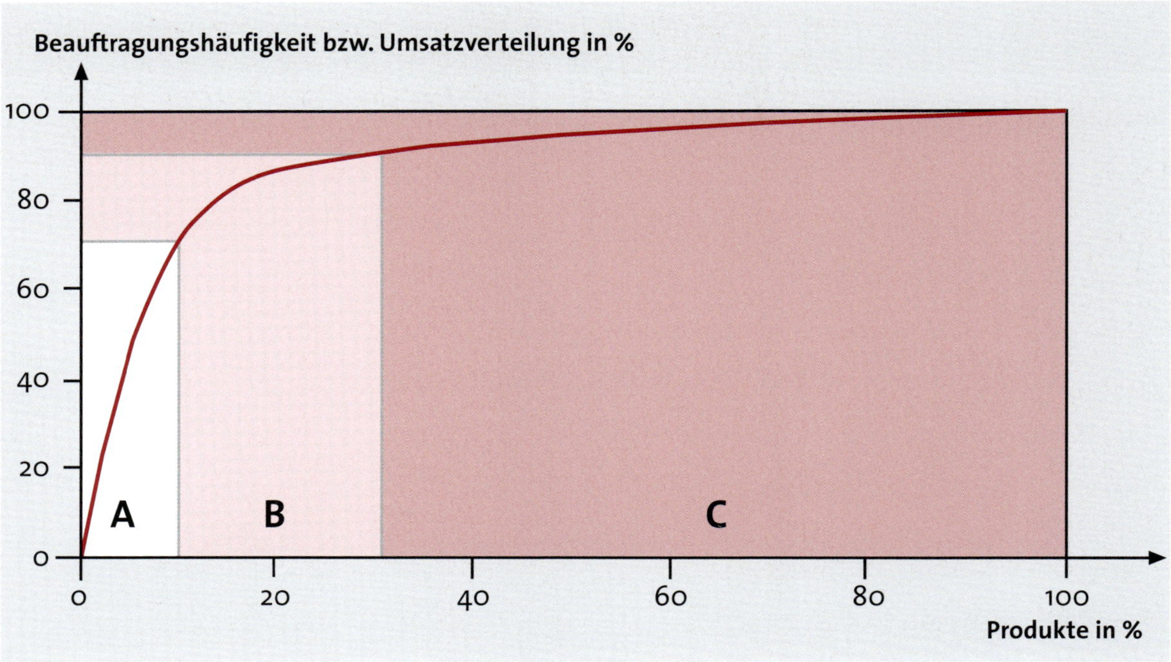

d) Gegenüberstellung der beiden ABC-Ergebnisse mit einer Priorisierungsmatrix

Mit Hilfe der ABC-Werte können Sie nun Ihre Geschäftsvorfälle priorisieren. Erstellen Sie dazu eine Tabelle (s. unten) mit den Geschäftsvorfällen und den jeweiligen A-, B- oder C-Werten für Umsatz und Häufigkeit.

Geschäftsvorfall	ABC-Analyse			XYZ-Analyse
	Umsatz (A, B, C)	Anzahl (A, B, C)	Priorität	
	...	...	...	...

Mit Hilfe der Priorisierungsmatrix auf der folgenden Seite können Sie nun die Priorisierung jedes Geschäftsvorfalls erstellen, indem Sie die entsprechende Zeile mit der zugehörigen Spalte kreuzen. Ergänzen Sie das Ergebnis – Priorität 1, 2 oder 3 – in der Spalte Priorität in der Tabelle oben.

	A Anzahl	B Anzahl	C Anzahl
A Umsatz	1	1	2
B Umsatz	1	2	3
C Umsatz	2	3	3

Die XYZ-Analyse

Neben der Priorisierung über Umsatzstärke und Beauftragungshäufigkeit benötigen Sie für die spätere Prozessanalyse auch eine Aussage über die Regelmäßigkeit bzw. die saisonale Verteilung Ihrer Geschäftsvorfälle. In wohl jedem Unternehmen kommen Geschäftsvorfälle unterschiedlich oft vor und lassen sich auch unterschiedlich genau vorhersagen. Diese Schwankungen lassen sich mit der XYZ-Analyse erfassen.

Ziel der XYZ-Analyse ist die Einteilung der Geschäftsvorfälle nach ihrer Regelmäßigkeit. Dazu werden drei Kategorien von Geschäftsvorfällen gebildet:

- **X-Produkte:**
  regelmäßige Geschäftsvorfälle, die über eine festgelegte Periode (zum Beispiel ein Jahr) betrachtet regelmäßig vorfallen und damit eine sehr hohe Vorhersagewahrscheinlichkeit besitzen.
- **Y-Produkte:**
  Geschäftsvorfälle, die eher unregelmäßig vorkommen und damit eine mittlere Vorhersagegenauigkeit besitzen.
- **Z-Produkte:**
  Geschäftsvorfälle, die nur sporadisch und ohne erkennbares Muster vorkommen.

Den drei Kategorien ordnen Sie Ihre Geschäftsvorfälle zu. Dazu erstellen Sie ein Diagramm (s. S. 62) mit Koordinatenachsen für Bedarf und Zeit. Trägt man nun die Anzahl der Beauftragungen in einer bestimmten Teilperiode (idealer Weise pro Kalenderwoche) über ein ganzes Jahr auf, so können Sie an den entstehenden Kurven ablesen, ob der jeweilige Geschäftsvorfall ein X-, Y- oder Z-Produkt ist.

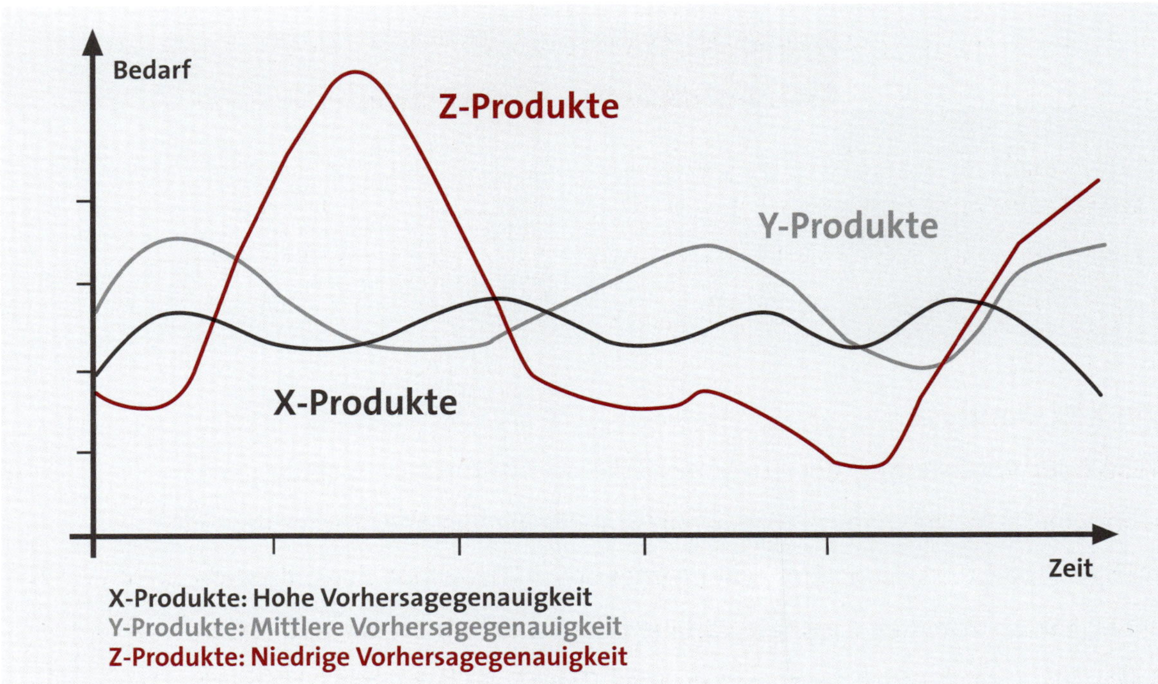

Zur Erstellung dieses Diagramms gehen Sie folgendermaßen vor: Definieren Sie die gültige Teilperiode. Wenn Sie ein ganzes Jahr auswerten, arbeiten Sie am besten mit der Kalenderwoche als Teilperiode. Gruppieren Sie alle Aufträge aus Ihrer Liste nach ihrem Eingangsdatum innerhalb der festgelegten Teilperiode:

Auftrag	Eingangsdatum	Kalenderwoche
Auftrag 1	03.01.2004	1
Auftrag 2	05.04.2004	15
Auftrag 3	17.03.2004	12
...		

Rechnen Sie mit Ihrer Tabellenkalkulation die Anzahl der Aufträge jeder Teilperiode aus. Auch hier hilft Ihnen eine Pivot-Tabelle gut weiter:

Kalenderwoche	Anzahl der Aufträge
1	13
2	56
3	134
...	...

Erstellen Sie aus dieser Auflistung ein Diagramm, wobei auf der horizontalen Achse die Teilperioden und auf der vertikalen Achse die Anzahl der Aufträge aufgelistet werden.

Mit Hilfe des gegenüberliegenden Beispieldiagramms können Sie feststellen, welche Vorhersagewahrscheinlichkeit jeder Ihrer Geschäftsvorfälle hat. Tragen Sie das entsprechende Ergebnis für jeden Geschäftsvorfall in die Übersichtstabelle (s. S. 60) ein.

Praxis-Tipp:

Lassen Sie sich kein X für ein Z vormachen!

Oft erscheinen einem Geschäftsvorfälle als Z-Produkte, obwohl es eigentlich X-Produkte sind. So kann die Dienstleistung "Motorrad zulassen" im KFZ-Amt in der Jahresverteilung betrachtet ein Z-Produkt sein, weil sie vorwiegend im Frühjahr beauftragt wird. Da dies aber jedes Jahr gleichermaßen geschieht, handelt es hierbei aber doch um ein X-Produkt.

Die Bewertung der Geschäftsvorfälle anhand der XYZ-Analyse gibt Ihnen wichtige Hinweise für die weitere Analyse. Geschäftsvorfälle mit einer X-Bewertung besitzen durch ihre Regelmäßigkeit ein hohes Potenzial für die Standardisierung. Geschäftsvorfälle mit einer Z-Bewertung können dagegen selten vorher eingeplant werden.

Priorisierung von Geschäftsvorfällen bei der *Haus & Schloss AG*

Ausgangspunkt sind die Ergebnisse der Umsatzverteilung und Beauftragungshäufigkeit für die Geschäftsvorfälle. Durch die Kumulierung bei den Prozent-Anteilen wurde folgendes Diagramm erstellt:

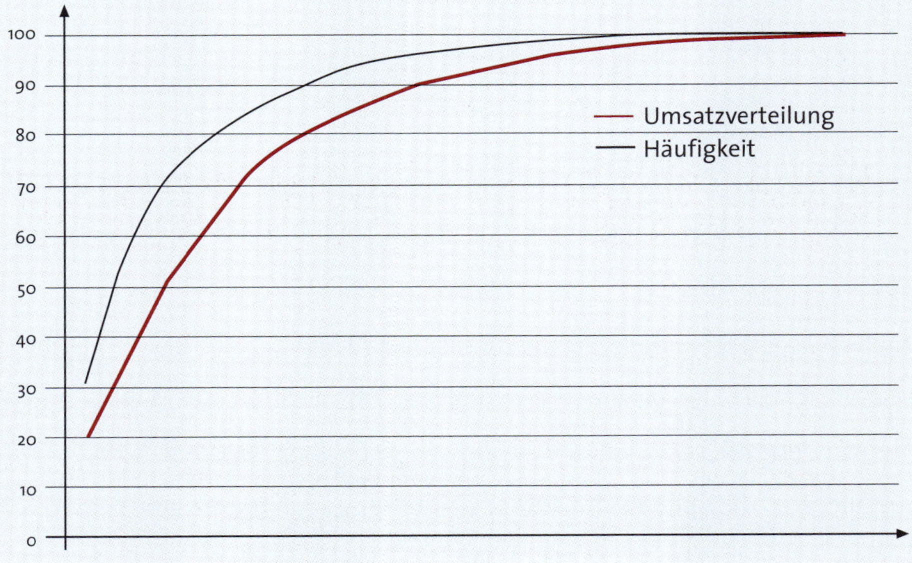

Aufgrund dieser Kurven wurden die Grenzen für die Umsatzverteilung bei 76 Prozent und 93 Prozent gesetzt. Bei der Häufigkeitsverteilung entsprechend bei 65 Prozent und 95 Prozent. Dadurch ergaben sich die angegebenen ABC-Verteilungen (s. Abb. S. 60).

Nach der Priorisierung und der XYZ-Analyse entstand folgendes Gesamtbild:

	Priorisierung			
	Umsatz	**Anzahl**	**Prio**	**XYZ**
Durchführung einer turnusmäßigen Reinigung	A	A	1	x
Durchführung vorfallsbezogener Hausmeisterleistungen	A	A	1	y
Nebenkostenabrechung durchführen	A	B	1	x
Durchführung einer Sonderreinigung (Fremdleistung)	A	B	1	x
Bereitstellung eines ständigen Hausmeisters	A	C	2	x
Durchführung technischer Instandsetzung in Eigenleist.	B	B	2	x
Durchführung einer turnusmäßigen Grünpflege (Eigenleistung)	B	B	2	y
Vermietung von Objekten	B	C	3	z
Durchführung baulicher Maßnahmen in Fremdleistung	B	C	3	z
Durchführung Inspektion und Wartung	C	B	3	x
Durchführung einer Sonderpflege	C	B	3	y
Anmietung von Objekten	C	C	3	z
Durchführung technischer Instandsetzung in Fremdleist.	C	C	3	z
Durchführung einer Sonderreinigung (Eigenleistung)	C	C	3	z
Durchführung einer turnusmäßigen Grünpflege (Fremdleistung)	C	C	3	x
Durchführung baulicher Maßnahmen in Eigenleistung	C	C	3	z
Immobilienverkauf	C	C	3	z
Objektbuchhaltung durchführen	C	C	3	x
Mietvertragsmanagement	C	C	3	x
Beseitigung dringender Störungen	C	C	3	z

Praxis-Tipp:

Priorisierung bei Geschäftsvorfällen ohne direkten Umsatz

Bei einigen Geschäftsvorfällen lässt sich kein direkter Umsatz zuordnen, weil sie zum Beispiel durch Rahmenverträge oder durch einen periodischen Umsatz abgerechnet werden. Andere Geschäftsvorfälle, zum Beispiel in der Personalabteilung, generieren gar keinen Umsatz –

auch nicht indirekt. Hier können zwei Arten der Priorisierung durchgeführt werden.

1. Geschäftsvorfälle mit indirektem Umsatz

Bei Geschäftsvorfällen, die nur indirekt Umsatz generieren, wird für die Priorisierung der Gesamtumsatz herangezogen, der sich auf alle Aufträge verteilt. (Beispiel Nebenkostenabrechnung: Der Kunde zahlt im Jahr einen bestimmten Betrag, für den sämtliche Nebenkostenabrechnungen erstellt werden. Hier wird nicht die Summe aller Einzelumsätze in die Auswertung einbezogen, sondern der Gesamtumsatz).

2. Indirekte Geschäftsvorfälle ohne Umsatz

Bei indirekten Geschäftsvorfällen, denen überhaupt kein Umsatz gegenübersteht, sollte die ABC-Analyse nur für die Häufigkeiten durchgeführt werden. Entsprechend sollte dann auch die Priorisierung bei der weiteren Bearbeitung erfolgen. Erfahrungsgemäß werden die indirekten Geschäftsvorfälle zwischen Priorität 2 und 3 eingeordnet.

Mit den Ergebnissen der ABC- und der XYZ-Analyse liegt Ihnen ein genauer Überblick darüber vor, welche Bedeutung die einzelnen Geschäftsvorfälle für Ihr Unternehmen haben. Durch die Priorisierung wissen Sie, bei welchen Geschäftsvorfällen und deren Prozessen die identifizierten Potenziale am deutlichsten spürbar sind.

Machen Sie sich bewusst, dass gerade bei Geschäftsvorfällen mit X-Bewertung bereits kleine Maßnahmen mit wenig Aufwand erhebliche Prozessverbesserungen bewirken. Die Analyseergebnisse sind daher eine gute Leitlinie für die zeitliche Abfolge Ihrer Geschäftsprozessoptimierung. Konzentrieren Sie sich deshalb im weiteren Verlauf auf die Geschäftsvorfälle mit der Priorität 1. Vergessen Sie die anderen zwar nicht, beginnen Sie aber mit den wichtigen.

Die wichtigsten Geschäftsvorfälle der *Haus & Schloss AG*

- Durchführung einer turnusmäßigen Reinigung
- Durchführung vorfallsbezogener Hausmeisterleistungen
- Nebenkostenabrechnungen durchführen
- Durchführung einer Sonderreinigung (Fremdleistung)

Die gewonnenen Daten aus der ABC- bzw. XYZ-Analyse helfen Ihnen auch, nach der Aufnahme der Wertströme die Ergebnisse – insbesondere die erkannten Potenziale – hinsichtlich ihres erwarteten Realisierungszeitpunktes und ihrer Bedeutung zu bewerten. Zudem ist ein fundiertes Mengengerüst unbedingt erforderlich, um die Angaben und Daten aus der Wertstromanalyse zu verifizieren.

Und auch nach Abschluss aller Analysen sind die Daten über Umsatzanteile und Häufigkeit von Geschäftsprozessen nützlich: Bei der späteren Umsetzung werden sie als Basis für die sogenannte "prozessorientierte Kapazitätsermittlung" benötigt.

Analyseschritt 3: Prozessanalyse

Wie entstehen Ihre Dienstleistungs- und Verwaltungsprodukte?

- Kundendaten festlegen
- Beteiligte Funktionen / Stellen eintragen
- Feststellen der prozessauslösenden Stellen
- Grundlegende Prozessschritte aufnehmen
- Prozessschritte, Schnittstellen und Informationsflüsse bewerten
- Den externen Material- und Dienstleistungsfluss aufnehmen
- Auftragen der Zeitlinie
- Maßnahmen ableiten
- Erstellung von Prozess-Feinanalysen
- Feinanalyse im Prozessworkshop
- Verschwendung aufdecken

Analyse-Schritt 3:

Prozessanalyse: Wie entstehen Ihre Dienstleistungs- und Verwaltungsprodukte?

Sie kennen nun die Schlüsselprozesse Ihres Unternehmens. Jetzt erfolgt die genaue Analyse dieser Prozesse. Der hohe Detaillierungsgrad dieser Analyse ist notwendig, da das Produkt der administrativen Prozesse – die Information – eben nicht sichtbar, transparent und eindeutig definiert ist. Um später die Prozesse standardisieren und modularisieren zu können, um Kapazitäten, Prozesskosten und Sollprozesse ermitteln zu können, sind zahlreiche Details nötig, die es zu ermitteln gilt. Erst auf Basis der Prozessanalyse kann man später abgeschlossene, unabhängige Module bilden, die Schnittstellen genau definieren und einen optimalen Prozessablauf entwickeln.

Die Prozessanalyse, der dritte Analyse-Schritt im Rahmen von Lean Administration, unterteilt sich damit in zwei Stufen: Zunächst geht es darum, sich einen ersten Überblick über einzelne Geschäftsvorfälle zu verschaffen (Stufe 1), bevor diese dann – bei Bedarf – weiter detailliert werden, um weitere Verschwendung und Handlungsfelder zu identifizieren (Stufe 2).

Die erste, grobe Analyse erfolgt mit Hilfe des Value Stream Mapping, die detailliertere Untersuchung dann mit der Prozess-Feinanalyse.

A. Value Stream Mapping / Wertstromanalyse

Zunächst sollten Sie sich einen ersten, etwas gröberen Überblick über Ihre Geschäftsvorfälle verschaffen. Bei dieser ganzheitlichen Betrachtung der priorisierten Geschäftsvorfälle steht der so genannte "Wertstrom" im Fokus: Wo und wie entsteht der Wert in dem Prozess? Wie sieht der Wertstrom aus?

Diese Fragen werden mit der Methode des Value-Stream-Mapping (auch "Wertstromdesign" oder "Wertstromanalyse" genannt) beantwortet. Die Methode des Value-Stream-Mapping ist ein bewährtes Instrument des Lean Management, das ursprünglich für die Prozessaufnahmen in der fertigenden Industrie entwickelt wurde. Mit einigen Anpassungen eignet sich das Value-Stream-Mapping/Wertstromdesign auch für Geschäftsprozesse in den Bereichen Verwaltung und Dienstleistung. Der Wertstrom wird visuell dokumentiert. Das Ergebnis zeigt deutlich die Komplexität Ihrer Prozesse, gibt Ihnen aber mit Hilfe festgelegter Symbole sichtbar Aufschluss über den Weg, den ein Produkt in

Ihrem Unternehmen geht. Bei dieser Analyse geht es nicht um jede einzelne Tätigkeit – noch nicht. Das kommt auf der zweiten Stufe, der Prozess-Feinanalyse.

Die Wertstromanalyse Schritt für Schritt

Die Wertstromanalyse verläuft in acht Einzelschritten:

1. **Kundendaten festlegen**
2. **Beteiligte Funktionen / Stellen eintragen**
3. **Feststellen der prozessauslösenden Stellen**
4. **Grundlegende Prozessschritte aufnehmen**
5. **Prozessschritte, Schnittstellen und Informationsflüsse bewerten**
6. **Den externen Material- und Dienstleistungsfluss aufnehmen**
7. **Auftragen der Zeitlinie mit Prozess- und Durchlaufzeiten**
8. **Maßnahmen ableiten**

Als Hilfsmittel benötigen Sie für die Wertstromanalyse ein Wertstrom-Aufnahmeblatt (s. Anhang, Abb. 2) in der Größe DIN A3. Wenn Sie mit Bleistift zeichnen, können Sie Ihre Skizzen stets schnell überarbeiten.

Praxis-Tipp:

Skizzieren Sie den Wertstrom komplett selbst

- Sammeln Sie sämtlich Informationen zum IST-Zustand der ausgewählten Prozesse.
- Verfolgen Sie den Fluss der Informationen bzw. Dokumente selbst und vor Ort in den einzelnen Büros. Verlassen Sie sich nicht auf Beschreibungen Dritter. Auf diese Weise erhalten Sie eine durchgängige Dokumentation des aktuellen IST-Zustandes aus eigener Sicht und damit ein unmittelbares Verständnis der Abläufe in Ihrem Unternehmen.
- Verschaffen Sie sich mit einem Schnelldurchgang zunächst eine grobe Vorstellung vom Fluss und der Abfolge der Teilprozesse. Beginnen Sie dann erneut, um die Informationen aufzuschreiben.
- Zeichnen Sie immer von Hand und mit Bleistift. Geben Sie nicht der Versuchung nach, einen Computer zu benutzen. Auf diese Weise können Sie tatsächlich vor Ort zeichnen und eventuelle Rückfragen unmittelbar stellen. Es kommt nicht auf Perfektion der Zeichnung an, sondern auf das vollkommene Durchdringen der Abläufe!
- Beginnen Sie beim Auslöser des Prozesses und verfolgen Sie ihn bis zum Ende ("flussabwärts" den Wertstrom entlang, wie es im Vokabular des Value Stream Mappings heißt) vor.
- Und: Skizzieren Sie den Wertstrom eigenhändig, nur dann können Sie – im wahrsten Sinne des Wortes – eine Darstellung aus einer Hand bekommen! Alternativ können Sie

diese Prozessaufnahme auch in Form eines Workshops durchführen. Somit haben Sie gleich alle Beteiligten mit am Tisch und sichern sich damit die Akzeptanz für die Methode und die erzielten Ergebnisse.
Andererseits müssen alle Beteiligten für diesen Workshop von ihrer täglichen Arbeit frei gestellt werden, was unter Umständen viel Koordination und Diplomatie erfordert! Kosten und Nutzen sollten Sie daher überlegt abwägen!

Wertstromanalyse bei der *Haus & Schloss AG*

Um Ihnen die spezielle Vorgehensweise zu verdeutlichen, führen wir die Wertstromanalyse beispielhaft an einem Geschäftsvorfall der *Haus & Schloss AG* durch. Dazu haben wir einen typischen Geschäftsvorfall aus dem Bereich des Facility Management ausgewählt, nämlich die "Durchführung technischer Instandsetzung in Eigenleistung". Bei diesem Geschäftvorfall setzen Servicemitarbeiter des Unternehmens nach konkreter Kundenanfrage defekte Gebäudeausstattungen wie Aufzüge oder Klimaanlagen instand.

1) Kundendaten festlegen

Die ersten Eintragungen auf dem Wertstromformular betreffen die grundsätzlichen Informationen zu dem Prozess, den Sie analysieren wollen. Zunächst tragen Sie im Datenkasten für den Kunden die spezifischen Daten zu dem Produkt sowie die spezifischen Kundenanforderungen ein:

- Wie viele Aufträge gehen für dieses Produkt ein?
- Wie hoch sind Vorhersagewahrscheinlichkeit und Schwankungen: ist es ein X-, Y- oder Z-Produkt?

Die notwendigen Informationen haben Sie in den vorherigen Analyseschritten bereits gesammelt.

Das Datenblatt der *Haus & Schloss AG*

Bei der näheren Untersuchung des Geschäftsvorfalls "Durchführung technische Instandsetzung in Eigenleistung" wurden durch Interviews mit den zuständigen Produktmanagern und den beteiligten Mitarbeitern folgende Angaben ermittelt:

Anzahl Aufträge pro Jahr: 13 572 (vgl. Auftragsstrukturanalyse)

Verfügbare Arbeitszeit: 200 Tage à 7,6 Stunden pro Tag

Verfügbare Produktzeit: 240 Tage (werktags) à 12 Stunden pro Tag

Prozessübersicht: Bei diesem Geschäftsvorfall fordert der Kunde eine notwendige Instandhaltungsleistung bzw. Reparatur defekter oder veralteter Gebäudeausstattungen, wie Klimaanlagen, Aufzüge etc. an. Nach der Anfrage wird ein Servicemitarbeiter zu dem Gebäude geschickt, der die notwendigen Arbeiten ausführt. Die Leistung wird anschließend dem Kunden einzeln in Rechnung gestellt.

Prozessinformationen:

Auftragseingang

Nur ein Teil der Aufträge (40 Prozent) gehen beim zuständigen Auftragsmanager ein. Der Rest verteilt sich zu 25 Prozent auf den vor Ort befindlichen Hausmeister und zu 35 Prozent auf den regionalen Disponenten. Die Ursache dafür liegt an falschen und fehlenden Informationen der Kunden über ihre zuständigen Ansprechpartner.

Auftragsannahme

Bei der Auftragsannahme werden durch die Mitarbeiter der Auftragsinhalt und der gewünschte Bearbeitungstermin aufgenommen und notwendige Informationen abgefragt. Kommen die Aufträge per Fax an, werden die Auftragsdaten geprüft.

Auftragsmanager

Die Auftragsmanager erhalten ihre Aufträge vom Kunden elektronisch, als E-Mail, Telefonanruf oder per Fax. Da es keine einheitlichen Formularvorgaben für den Kunden gibt, kommt es in 33 Prozent der Fälle zu Rückfragen beim Kunden.

Dauer Auftragsannahme: 2 Minuten pro Vorgang

Rückfragequote: 33 Prozent, etwa 5 Minuten pro Vorgang

Anzahl Auftragsmanager: 18 (zeitweise)

Arbeitsvorrat: 500 (durchschnittlich)

Disponenten

Da früher die Auftragsmanager regional bei den Disponenten im Büro saßen, haben viele Kunden noch die Telefonnummer, die jetzt nur noch in die Disposition führt.

Dauer Auftragsannahme: 3 Minuten je Vorgang

Rückfragequote: 10 Prozent, etwa 10 Minuten pro Vorgang

Beteiligte Disponenten: 8 (zeitweise)

Sie haben keinen Arbeitsvorrat, da sie die Aufträge direkt in das EDV-System eingeben.

Hausmeister

In vielen Fällen wenden sich die Kunden direkt an den Hausmeister vor Ort. Da die Hausmeister meist nicht versiert im Umgang mit dem EDV-System sind, benötigen sie für einen Vorgang etwa 10 Minuten.

Rückfragequote: 5 Prozent, er benötigt 10 Minuten für die Rückfrage beim Kunden

Arbeitsvorrat: 100 Aufträge (durchschnittlich)

Anzahl Hausmeister, die Aufträge direkt annehmen: 30

Auftragsbearbeitung

Der Auftragmanager überprüft die Systemdaten des Auftrages, weist eine Kostenstelle zu und ordnet den Auftrag einem Disponenten-Team zur weiteren Bearbeitung zu. Für diesen Vorgang benötigt er durchschnittlich etwa 6 Minuten.

Rückfragequote bei Auftragsannahme durch Hausmeister: 60 Prozent, etwa 15 Minuten pro Vorgang

Rückfragequote bei Auftragsannahme durch Disponenten: 10 Prozent, 5 Minuten pro Vorgang

Aufträge, die der Auftragmanager selbst angenommen hat, werden sofort ohne weitere Rückfragen bearbeitet.

In einigen Fällen (25 Prozent) muss der Auftragmanager auch beim Kunden direkt anrufen. Dafür benötigt er ebenfalls 15 Minuten pro Vorgang.

Arbeitsvorrat: 100 Aufträge (durchschnittlich)

Anzahl Auftragsmanager: 18 (zeitweise)

Disposition

Der Disponent überprüft in der EDV übertragene Aufträge, weist ihnen gegebenenfalls einen Service-Mitarbeiter zu, gibt den Auftrag zur Ausführung frei und legt den gedruckten Auftrag in das Postfach des Servicemitarbeiters.

Rückfragequote und Zeitaufwand: 10 Prozent und 10 Minuten bei unklaren Auftragsbeschreibungen des Auftragsmanagers

Zeitaufwand für Disposition: 12 Minuten

Arbeitsvorrat: 400 Aufträge (durchschnittlich)

Anzahl Disponenten: 20 (zeitweise)

Serviceleistung erbringen

Der Servicemitarbeiter holt einmal pro Woche die Aufträge aus seinem Fach ab. Er versucht zwar, die vorgegebenen Termine einzuhalten, disponiert sich aber weitestgehend selbst noch einmal. Er fährt den Verrichtungsort an und führt die Instandsetzung durch. Benötigt er Material, das nicht auf seinem Fahrzeug ist, so bestellt er dies telefonisch bei einem Standardlieferanten und führt die Maßnahme nach einer weiteren Anfahrt durch.

Rückfragequote zur Disposition: 10 Prozent und 20 Minuten

Durchschnittliche Hin- und Rückfahrt: 45 Minuten

Durchschnittliche Verrichtungszeit: 60 Minuten

Bestellvorgang: 10 Minuten

Lieferzeit: 4 Tage

Vor- und Nachbearbeitung: 12 Minuten

Anteil der Aufträge mit Materialbedarf: 15 Prozent

Arbeitsvorrat: 500 Aufträge (durchschnittlich)

Anzahl Service-Mitarbeiter: 80

Der Auftragsschein wird nach Erledigung bei der nächsten Anfahrt in den Stützpunkt in ein bestimmtes Postfach gelegt.

Auftrag abschließen

Der Disponent meldet die Aufträge fertig, die im Postfach als erledigt gemeldet sind. Dabei trägt er die tatsächliche Verrichtungszeit in die Auftragsdatei ein und gibt den Auftrag zur Fakturierung frei.

Verrichtungszeit: 8 Minuten

Rückfragequote: 40 Prozent bei 10 Minuten

Arbeitsvorrat: 500 Aufträge (durchschnittlich)

Beteiligte Disponenten: 20 (zeitweise)

Auftrag fakturieren

Das Auftragsmanagement überprüft sämtliche Auftragsdaten nochmals, kopiert alle Belege und legt sie ab, bucht die Materialrechnungen ein, gibt die Rechnung frei. Die Rechnung wird durch eine automatische Postversendung an den Kunden versandt.

Verrichtungszeit: 15 Minuten

Qualitätsquote: 20 Prozent und 10 Minuten (falsch ausgefüllte Belege)

Arbeitsvorrat: 1 200 Aufträge (durchschnittlich)

Beteiligte Auftragsmanager: 4 (zeitweise)

2) Beteiligte Funktionen eintragen

Die Funktionen, die an dem Prozess beteiligt sind, tragen Sie auf Ihrem Formular links in die seitlichen Titelkästen der einzelnen Bahnen ein, zum Beispiel Auftragsmanager, Disposition, Controlling.

Prinzipiell gilt: Je mehr Prozessschritte eine Funktion ausführt, desto weiter

Beteiligte Funktionen bei der *Haus & Schloss AG*

Aus der Auftragsstrukturanalyse ist bekannt, dass der Geschäftsvorfall "Durchführung technische Instandsetzung in Eigenleistung" etwa 13 572 mal pro Jahr beauftragt wird. Außerdem ist er ein X-Produkt, hat also eine hohe Vorhersagewahrscheinlichkeit und weist nur geringe Schwankungen über das Jahr verteilt auf. Der Geschäftsvorfall ist zudem an fünf Tagen pro Woche jeweils 12 Stunden lang verfügbar. Diese Angaben finden Sie im Datenkasten wieder. Die fünf beteiligten Funktionen wurden in das Wertstromdatenblatt eingetragen (vgl. Grafik S. 76).

oben wird sie eingetragen. Lieferanten und Dienstleister stehen immer in der untersten Bahn.

3) Feststellen der prozessauslösenden Stellen

Nach diesen Vorbereitungen für die eigentliche Aufnahme der Prozessschritte identifizieren Sie die Prozessauslöser.

Machen Sie sich bewusst, dass es häufig mehrere Auslöser für ein und denselben Prozess in Ihrem Unternehmen gibt. Zwar sollten viele Prozesse bei optimal funktionierenden Abläufen theoretisch nur an einer bestimmten, festgelegten Stelle im Unternehmen ausgelöst werden. Durch sich ändernde Strukturen, Arbeitsüberlastung oder fehlende Kenntnis der Zuständigkeiten öffnen sich mit der Zeit jedoch häufig mehrere "Kanäle", in die der Kunde seine Aufträge einkippt.

Achten Sie deshalb bei Ihren Interviews und Prozessbeobachtungen sehr genau auf diesen Punkt. Aber denken Sie auch an die so genannte 80:20-Regel: die Ausnahme, die zweimal pro Jahr passiert, interessiert an dieser Stelle nicht.

Haben Sie die Funktion bzw. die Funktionen identifiziert, bei der der Kunde den Prozess auslöst, so zeichnen Sie ausgehend vom Symbol des Kunden einen Pfeil zu der betreffenden Funktion bzw. den Funktionen. Falls es mehrere Funktionen gibt, tragen Sie den ungefähren Anteil an den ausgelösten Prozessen in Prozent ein.

Prozessauslöser bei der *Haus & Schloss AG*

Bei unserem Beispiel wird der Prozess an drei verschiedenen Stellen im Unternehmen der *Haus & Schloss AG* ausgelöst. Die Verbindungspfeile gehen daher vom Symbol für den Kunden in die Prozessbahn der auslösenden Funktionen, an jedem Pfeil finden Sie den Anteil der jeweiligen ausgelösten Geschäftsvorfälle (vgl. Grafik S. 76).

4) Grundlegende Prozessschritte aufnehmen

Da der Kunde der entscheidende Faktor bei Ihren Wertströmen ist, sollten Sie sich die Prozesse, die ihn direkt betreffen, besonders genau anschauen. Beginnen Sie damit beim Mitarbeiter, der das auslösende Kundentelefonat führt, und betrachten Sie den Wertstrom dann bis zum Ende.

Verfolgen Sie Schritt für Schritt, wie sich die Information durch Ihr Unternehmen bewegt hat, wer die Information an welcher Stelle verarbeitet und weitergegeben hat, welche Aktivität wann wie ausgelöst wurde, bis Sie am Ende des Prozesses – häufig schließt die Rechnung einen Geschäftsvorfall ab – angelangt sind.

Die einzelnen Prozessschritte, die beteiligten Mitarbeiter, die Art der Weitergabe von Informationen tragen Sie in Ihr Wertstromdatenblatt ein.

Positionieren Sie die einzelnen Prozesskästen jeweils in die Bahn, die den Namen der ausführenden Funktion trägt. Zeichnen Sie die Prozesskästen immer am oberen Ende der Bahnen, damit später noch die Datenkästen darunter Platz haben. Und nehmen Sie immer auch die Bestände vor den einzelnen Prozessschritten auf und kennzeichnen Sie sie mit dem sogenannten Bestandsdreieck (s. u.). Um die grundlegenden Prozessschritte so zu dokumentieren, dass sie interpretierbar sind, arbeitet die Methode der Wertstromanalyse mit festgelegten Symbolen zur Darstellung des Wertstroms.

Die wichtigsten Symbole im Value Stream Mapping:

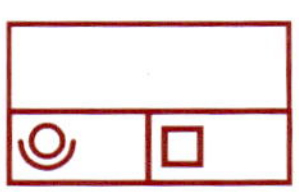

Prozesskasten. In den Prozesskasten tragen Sie oben immer den Namen des Prozessschrittes ein. Ein Prozessschritt ist eine Tätigkeitsabfolge, die durch eine bestimmte Funktion ausgeführt wird. Tragen Sie also nicht jede Einzeltätigkeit als eigenen Prozesskasten ein, sondern untersuchen Sie, welche Tätigkeiten zu einem Teil-Prozessschritt zusammengefasst werden können.

Das Zeichen symbolisiert einen (von oben betrachteten) Mitarbeiter und steht in der zweiten Zeile des Prozesskastens links. Tragen Sie in das Kästchen mit diesem Symbol die Zahl Ihrer Mitarbeiter ein, die innerhalb der Funktion an dem Prozessschritt beteiligt sind.

Das Symbol steht für die Teilschritte eines kompletten Prozessschrittes und steht in der zweiten Zeile des Prozesskastens rechts. Tragen Sie in das Kästchen mit diesem Symbol die Zahl der Einzeltätigkeiten ein, die zu dem Prozessschritt gehören. Da Sie zu diesem Zeitpunkt meist nur grobe Informationen aus den Interviews und Beobachtungen haben, können Sie die genaue Zahl der Einzelschritte noch nicht feststellen. Die ungefähre Schätzung reicht an dieser Stelle. Sie gibt Ihnen einen Hinweis auf die generelle Komplexität des Prozessschrittes.

Das Zeichen steht für Bestand. Es wird an den Stellen im Prozess eingetragen, an denen sich Arbeitsvorräte bilden können. Ein solcher Bestand ist vor jedem Prozessschritt möglich, zum Beispiel in Form von Akten oder Vorgängen.

Wenn es sich um einen physischen Vorrat handelt – also Papier –, wird dieser durch drei horizontale Striche dargestellt (symbolisch für Ablagefach).

Bei elektronischen Beständen (z. B. E-Mails) kennzeichnet man das Dreieck mit einem Kreis.

Das Bestandsdreieck mit der Kombination aus horizontalen Strichen und Kreis gibt an, dass der Arbeitsvorrat (Bestand) sowohl in Papierform als auch in elektronischer Form vorliegt.

Unter dem jeweiligen Dreieck für Bestand gibt man den gesamten durchschnittlichen Arbeitsvorrat für diesen Prozessschritt und diesen Geschäftsvorfall an. Unter dem Strich wird die Zeit angegeben, die eine Information benötigt, um durch diesen durchschnittlichen Arbeitsvorrat zu laufen. Dies ist die durchschnittliche Wartezeit für einen Auftrag aus dem Arbeitsvorrat.

Der gerade Pfeil zeigt an, dass an einer Stelle im Prozess bestimmte Informationen physisch, also in Papierform übermittelt werden.

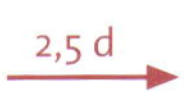

Liege-/Übergangszeiten: Bei physischen Informationsflüssen kommt es häufig durch örtliche Trennung oder Liegezeiten vor der Informationsannahme zu Verzögerungen bei der Übermittlung (Warte-, Liege- und Transportzeiten). Diese Verzögerungszeit wird auf dem Pfeil eingetragen.

Der gezackte Pfeil zeigt an, dass an einer Stelle im Prozess bestimmte Informationen elektronisch, also als Anruf, Fax oder E-Mail übertragen werden.

Mit Hilfe der Symbole können Sie die Abläufe bei Ihren Geschäftsvorfällen auf dem Wertstromblatt darstellen. Die komplette Liste der benutzten Symbole finden Sie im Anhang.

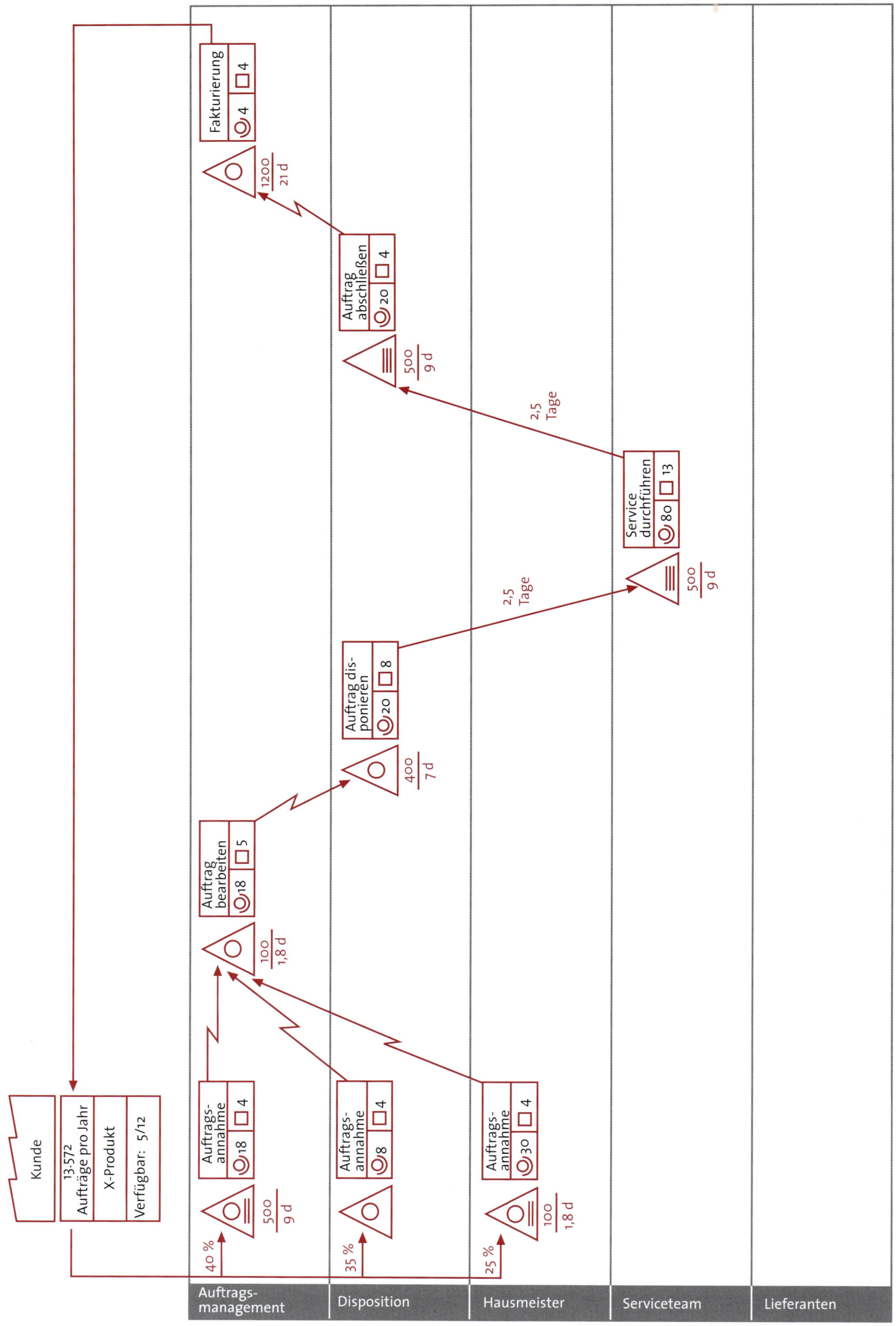
Kunde
13.572 Aufträge pro Jahr
X-Produkt
Verfügbar: 5/12
40 %
35 %
25 %
500 / 9 d
Auftrags-annahme 18 4
Auftrags-annahme 8 4
Auftrags-annahme 30 4
100 / 1,8 d
100 / 1,8 d
Auftrag bearbeiten 18 5
400 / 7 d
Auftrag dis-ponieren 20 8
2,5 Tage
500 / 9 d
Service durchführen 80 13
2,5 Tage
500 / 9 d
Auftrag abschließen 20 4
1200 / 21 d
Fakturierung 4 4
Auftrags-management
Disposition
Hausmeister
Serviceteam
Lieferanten

Praxis-Tipp:

Eigene Symbole entwickeln

Wenn Sie später mehr Übung bei der Erstellung einer Wertstromanalyse haben, können Sie auch eigene Symbole entwickeln, die Ihnen helfen, Ihre spezifischen Werströme darzustellen. Achten Sie jedoch darauf, nicht zu viele Symbole zu benutzen, damit Sie nicht die Übersicht verlieren.

Das Flussdiagramm der *Haus & Schloss AG*

Auf der linken Seite finden Sie das Flussdiagramm der *Haus & Schloss AG* für den Geschäftsvorfall "Durchführung technische Instandsetzung in Eigenleistung".

Aus dem Datenblatt mit den Informationen zur Haus & Schloss AG wird ersichtlich, dass die Mitarbeiter die Aufträge, die von den Kunden erteilt werden, per EDV an das Auftragsmanagement weiterleiten. Von hier gehen die Aufträge nach Prüfung und Bearbeitung an die Disposition weiter. Diese disponiert einen Techniker in einem bestimmten Serviceteam und übermittelt den terminierten Auftrag an diesen. Nachdem der Servicemitarbeiter den Auftrag abgearbeitet hat, schickt er den ausgefüllten Auftragsbericht an die Disposition zurück, die die zurückgemeldeten Daten in die EDV eingibt und den Auftrag abschließt.

Die Meldung über den Abschluss geht elektronisch an das Auftragsmanagement, das den Auftrag fakturiert und die Rechnung an den Kunden versendet.

Diesen Ablauf können Sie anhand der beschriebenen Symbole auf dem Wertstromdatenblatt nachvollziehen.

Die Dreiecke zur Darstellung der Bestände enthalten die Symbole für die Art des Bestandes (Papier / elektronisch). Die Zahlenwerte unter den Dreiecken geben jeweils an, wie groß der Bestand ist und wie lange es dauert, bis ein Vorgang durch den gesamten Bestand gelaufen ist.

5) Prozessschritte, Schnittstellen und Informationsflüsse bewerten

Die Bewertung der Prozessschritte, der Schnittstellen und der Informationsflüsse ist der wichtigste Schritt in der Wertstromanalyse. Dazu benötigen Sie noch zusätzliche Daten, die Sie bei Ihrem Weg durch das Unternehmen ermitteln und in das Wertstromdatenblatt eintragen.

Das schließt insbesondere auch Informationen zu den Schnittstellen ein, die innerhalb der Prozesse erfahrungsgemäß die anfälligsten Punkte für die Entstehung von Problemen und von Verschwendung sind. Deshalb benötigen wir genaue Informationen zu den Schnittstellen.

Die wichtigsten Angaben für die Bewertung:

Jeder Prozessschritt hat einen Datenkasten, in den jeweils sämtliche wichtige Angaben eingetragen werden. Dazu gehören:

PZ Prozesszeit, d.h. die Zeit, die für die rein inhaltliche Bearbeitung einer Aufgabe benötigt wird – ohne Störungen und Verzögerungen! Fragen Sie zur Ermittlung der Prozesszeit mehrere Personen einer Funktion, die diesen Prozess ausführen, nach der Dauer ihrer Tätigkeit und bilden Sie den Mittelwert. Überprüfen Sie diesen Wert durch eigene Beobachtungen.

ÜZ Übergangszeit: Die Zeit, die eine Anfrage benötigt, um von einer beteiligten Stelle zur nächsten zu kommen. Sie umfasst Warte-, Liege- und Transportzeiten – und spiegelt somit ein Stück weit den realen Arbeitsalltag wider: das Telefon klingelt, Mails gehen ein oder Kollegen kommen vorbei und möchten Fragen klären. Immer wieder kommt es zu Unterbrechungen in der gerade bearbeiteten Aufgabe. Dies zeigt sich in der Übergangszeit!

SZ Systemzeit. Sie umfasst die Wartezeit, die bei EDV-unterstützten Prozessen für Mitarbeiter entstehen kann, etwa wenn komplexe Abfragen aus Datenbanken gemacht werden. Auch hier sind Sie auf die Angaben Ihrer Mitarbeiter bzw. eigene Messungen angewiesen.

VZ Verrichtungszeit. Die Verrichtungszeit bezeichnet die gewerbliche Produktionszeit, in der eine gewerbliche Dienstleistung erstellt wird, zum Beispiel die Reparatur eines Aufzugs durch den Servicetechniker oder der Transport eines Containers durch den LKW-Fahrer. Die produktive Verrichtungszeit gibt es nur bei Geschäftsprozessen, die Dienstleistungen durch gewerbliches Personal erstellen. In diesen Fällen gehört die eigentliche produktive Verrichtungszeit nicht zur Prozesszeit für den indirekten Wertstrom. Deshalb wird die Verrichtungszeit extra erfasst und nicht bei der Prozesszeit berücksichtigt. Die Zeit für die administrative Vor- und Nachbereitung des gewerblichen Personals wird dagegen zur Prozesszeit gerechnet.

RQ Rückfragequote: Dies ist eine der wichtigsten Kennzahlen bei der Wertstromanalyse für Geschäftsprozesse. Immer wieder trifft man bei der Untersuchung von Geschäftsprozessen auf Schnittstellenprobleme, die sich dadurch äußern, dass die eingehenden Informationen und Unterlagen nicht klar oder fehlerhaft sind. Die Folge sind Rückfragen, Recherchen und Reklamationen bei vorhergehenden, aber auch bei anderen Prozessschritten. Die Rückfragequote wird durch einen Prozentsatz und eine Zeitangabe ausgedrückt. Der Prozentsatz gibt die Wahrscheinlichkeit einer Nachfrage an, der Zeitwert drückt aus, wie lange die Rückfrage dauert und sich damit die Bearbeitung verzögert.

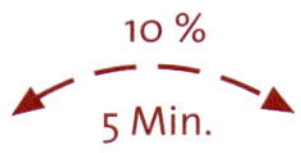

Die Rückfrage wird durch einen gestrichelten Pfeil dargestellt, der auf den Prozessschritt weist, bei dem nachgefragt werden muss. Das können auch Prozessschritte sein, die dem aktuellen Prozessschritt nicht unmittelbar vorangehen oder zu anderen Funktionen gehören.

QQ Die Qualitätsquote gibt an, wie hoch der Anteil an Vorgängen ist, die mangelhaft bearbeitet werden. Das kann der Prozentsatz der Formulare sein, die schlecht oder gar nicht ausgefüllt wurden, oder der Anteil der Vorgänge, bei denen Informationen fehlen oder bei deren Bearbeitung einfach Fehler gemacht wurden.

Die Wellenlinie zeigt die Verbindung zu dem Prozessschritt, bei dem der Fehler, der den Qualitätsmangel verursacht, aufgetreten ist. Erst im nächsten Schritt werden Sie die Ursachen dieser Qualitätsprobleme angehen.

Mit diesen Symbolen können Sie nun die entsprechenden Informationen

- zu den Personen,
- zur Zahl der Tätigkeitsschritte,
- zur Prozess-, System- und eventuell Verrichtungszeit,
- zur Rückfragequote und
- zu den Beständen

in Ihr Wertstromdatenblatt ergänzen.

Schnittstellenanalyse bei der *Haus & Schloss AG*

Unter jeden Prozesskasten wurde ein Datenkasten eingefügt, der alle Informationen zu den Prozessschritten aus dem Datenblatt enthält.

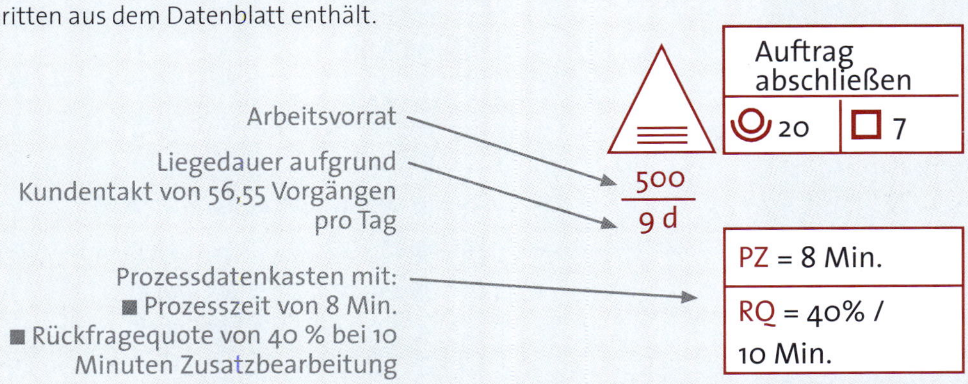

6) Den externen Material- und Dienstleistungsfluss aufnehmen

Die nächste Komponente Ihres Wertstromes, die in der Darstellung noch fehlt, ist der externe Material- und Dienstleistungsfluss. In vielen Unternehmen ist es an der Tagesordnung, dass Materialien oder externe Dienstleistungen für einen Geschäftsprozess oder die Erstellung einer Dienstleistung benötigt werden, da das eigene Unternehmen diese nicht bereitstellen kann. Da die Kooperation mit diesen Dienstleistern häufig mit Problemen und Zeitverzögerungen verbunden sind und sie dadurch den Ablauf Ihrer Prozesse beeinträchtigen können, sollten Sie sie bei der Wertstromanalyse berücksichtigen. Dazu tragen Sie Daten in das Wertstromdatenblatt ein über

- die Art der Leistung (Material oder Dienstleistung),
- den Anteil der Geschäftsvorfälle, bei denen diese meist zusätzliche Leistung notwendig ist,

Die wichtigsten Symbole für den Materialzufluss:

Materiallieferant

Dienstleister

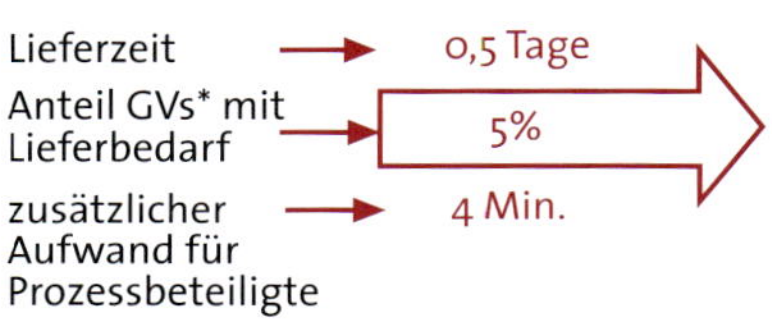

Der Zufluss wird mit einem breiten Pfeil dargestellt, der zusätzliche Angaben zu Liefervorgängen beinhaltet

* GV = Geschäftsvorfall

Materialzufluss bei der *Haus & Schloss AG*

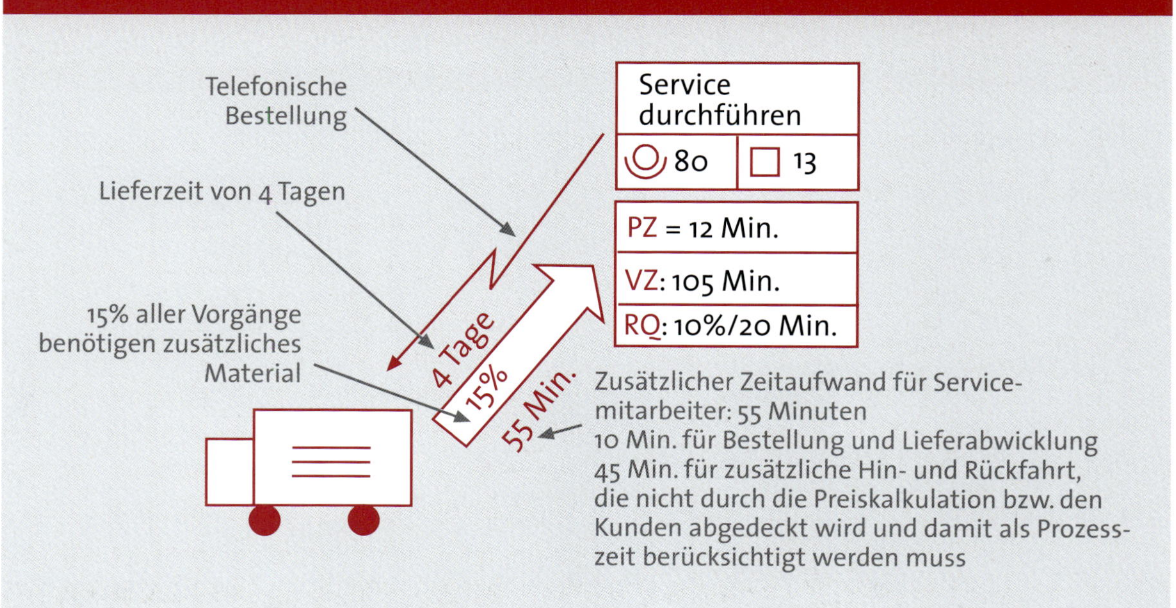

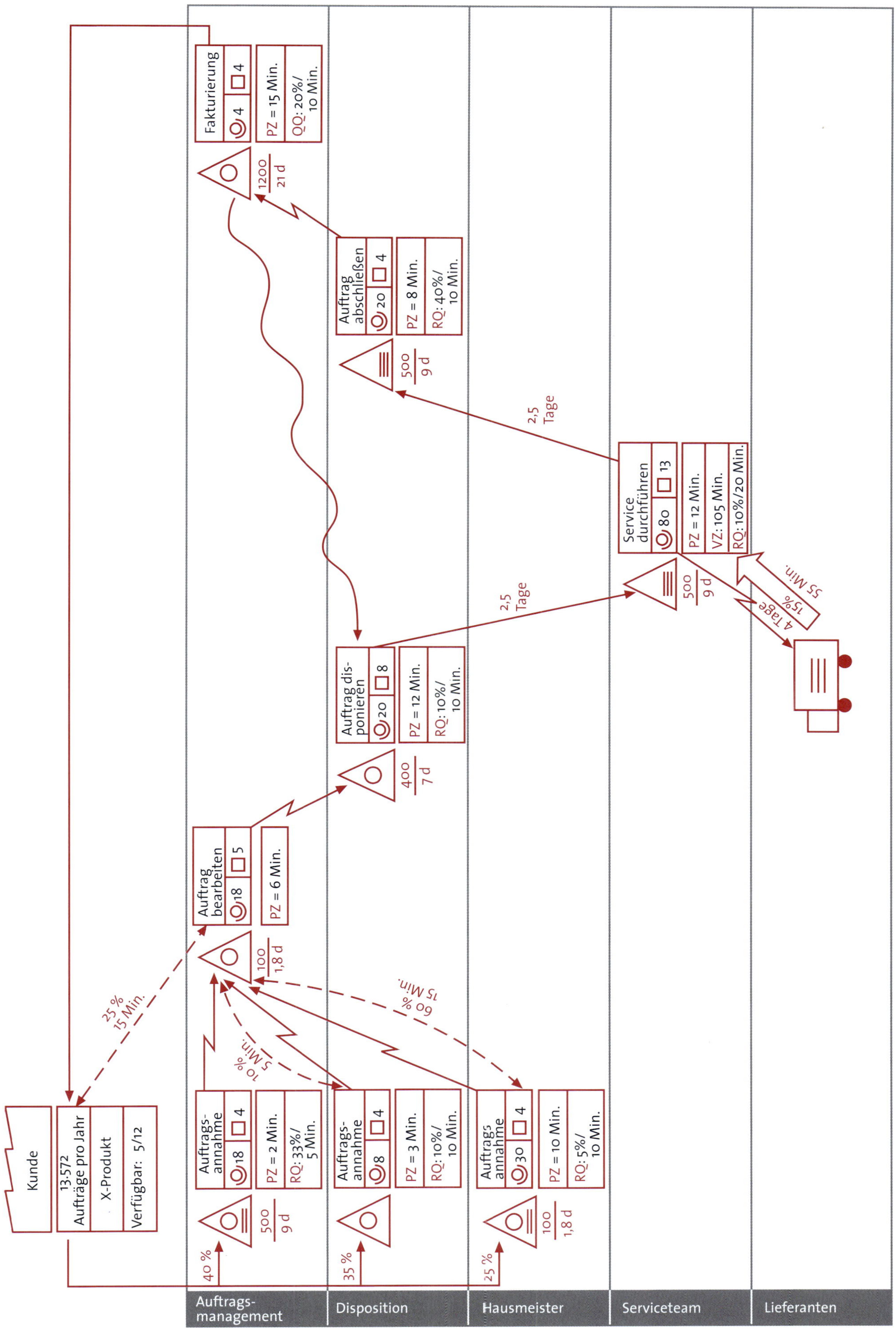
Kunde
13.572 Aufträge pro Jahr
X-Produkt
Verfügbar: 5/12
40 %
35 %
25 %
500 / 9 d
Auftrags-annahme
18
4
PZ = 2 Min.
RQ: 33%/ 5 Min.
Auftrags-annahme
8
4
PZ = 3 Min.
RQ: 10%/ 10 Min.
Auftrags annahme
30
4
PZ = 10 Min.
RQ: 5%/ 10 Min.
100 / 1,8 d
25 % 15 Min.
10 % 5 Min.
60 % 15 Min.
100 / 1,8 d
Auftrag bearbeiten
18
5
PZ = 6 Min.
400 / 7 d
Auftrag dis-ponieren
20
8
PZ = 12 Min.
RQ: 10%/ 10 Min.
2,5 Tage
500 / 9 d
Service durchführen
80
13
PZ = 12 Min.
VZ: 105 Min.
RQ: 10%/20 Min.
4 Tage 15%
55 Min.
2,5 Tage
500 / 9 d
Auftrag abschließen
20
4
PZ = 8 Min.
RQ: 40%/ 10 Min.
1200 / 21 d
Fakturierung
4
4
PZ = 15 Min.
QQ: 20%/ 10 Min.
Auftrags-management
Disposition
Hausmeister
Serviceteam
Lieferanten

- die Lieferzeit und
- den Mehraufwand (ganz wichtig!) für den internen Mitarbeiter gegenüber dem Regelprozess.

Für den Geschäftsvorfall "Durchführung technische Instandsetzung in Eigenleistung" bei der *Haus & Schloss AG* sieht der komplette Wertstrom so aus (s. S. 81).

Praxis-Tipp:

Überprüfen Sie Ihre Darstellung jetzt auf Vollständigkeit!

- Haben alle Prozessschritte einen eigenen Datenkasten?
- Sind sämtliche Prozesszeiten erfasst?
- Sind alle Bestände mit Mengen und Liegezeiten ausgewiesen?
- Sind Rückfragequoten richtig abgebildet?
- Ist die Qualitätsquote ermittelt?
- Sind Informationsflüsse richtig dargestellt?
- Sind alle externen Material- und Dienstleistungsflüsse aufgenommen und dargestellt?

Prinzipiell gilt, dass sämtliche Informationen, die Sie in Interviews und Beobachtungen erhalten haben, auch in irgendeiner Form im Wertstrom dargestellt werden sollten. Natürlich sind an dieser Stelle nur die wichtigsten Informationen und Daten relevant. Welche das sind, werden Sie mit ein bisschen Übung schnell herausfinden.

7) Auftragen der Zeitlinie

Als nächster Schritt erfolgt das Auftragen der Zeitlinie in den komplett dargestellten Wertstrom. Aus dieser Zeitlinie können Sie später einige spezifische Prozessmerkmale ableiten, die Ihnen helfen, Probleme und Verschwendung leichter zu erkennen und zu bewerten. Als wichtigster Wert wird aus der Zeitlinie die Durchlaufzeit errechnet:

Durchlaufzeit nennt man die Zeit, die ein Vorgang im Wertstrom vom Auslösen des Prozesses bis zur abschließenden Übergabe des Prozessergebnisses an den Kunden benötigt.

Bei Produktionsprozessen ist die Durchlaufzeit eine entscheidende Kennzahl, da die vorfinanzierten Rohmaterialien einen Großteil der Herstellungskosten ausmachen und bei einer kürzeren Durchlaufzeit früher vergütet werden.

Auch für Geschäftsprozesse ist die Durchlaufzeit von überragender Bedeutung, da der Kunde die Qualität einer Verwaltung bzw. einer Dienstleistung an der Verfügbarkeit misst:

Wer zum Beispiel bei einer Versicherung anruft, um einen Vertrag zu ändern oder ein neues Auto zu versichern, der wird höchst erfreut sein, wenn er die Änderungsbestätigung oder die neue Versicherungskarte noch am selben Tag per E-Mail oder Fax erhält. Noch wertvoller wird eine schnelle Reaktion des Dienstleisters aus Kundensicht, wenn es sich um die Regelung eines Schadensfalls handelt.

Die Durchlaufzeit ist damit eines der wichtigsten Differenzierungsmerkmale im Wettbewerb mit anderen Anbietern. Aber auch auf die Personalkosten wirkt sich eine kurze Durchlaufzeit positiv aus. Dieser Spareffekt dürfte gerade im personalintensiven Dienstleistungsbereich interessant sein.

Bei den Zeitlinien für Geschäftsprozesse unterscheidet man drei Zeitwerte: die Prozesszeit, die Übergangszeit und die Rückfragezeit. Die ersten beiden Werte erfassen die eigentliche Bearbeitungszeit und die "Reisezeit" des Produkts von einer Bearbeitungsstelle zur nächsten. Der dritte Zeitwert spiegelt die Prozesssicherheit und die Qualität des Geschäftsvorfalls wider. Denn ein hoher Aufwand für Rückfragen, Recherchen und Reklamationen ist immer auch ein Zeichen für fehlende Standardisierung, unklare Zuständigkeiten und nicht zuletzt auch mangelnde Sorgfalt der Prozessbeteiligten.

Für die Betrachtung des Gesamtprozesses spielt außerdem der Kundentakt eine Rolle. Dieser Wert gibt Auskunft darüber, wie viele Vorgänge einer Dienstleistung pro Tag abgeschlossen werden müssen, um die Kundenwünsche zu erfüllen.

Zur Errechnung des Kundentakts dividieren Sie die Gesamtzahl der Geschäftsvorfälle pro Jahr durch die Anzahl der in demselben Zeitraum zur Verfügung stehenden Arbeitstage.

Bei beispielsweise 5 000 Vorgängen eines Geschäftsvorfalls pro Jahr und einer jährlichen Verfügbarkeit der Mitarbeiter von 200 Tagen ist der Kundentakt 25 Vorgänge pro Tag. Über den Kundentakt können Sie dann auf Basis des Arbeitsvorrats (zum Beispiel 100 Vorgänge) die Liegezeit ermitteln:
100 Vorgänge : 25 Vorgänge pro Tag = 4 Tage.

So zeichnen Sie die Zeitlinie ein:

Für jeden Prozessschritt werden die jeweiligen Zeiten ermittelt und in Form einer Zeitlinie in die Grafik eingezeichnet.

Ein Prozess hat beispielsweise eine Prozesszeit von sechs Minuten, eine Rückfragequote von 25 Prozent und vier Minuten je Rückfrage. Die Rückfragezeit beträgt dann 25% x 4 Minuten = 1 Minute. Die vorgelagerte Schnittstelle hat in der Summe aus Übertragungs- und Liegezeit eine Übergangszeit von 2,5 Tagen. In einem Wertstromdiagramm sehen diese Daten wie folgt aus:

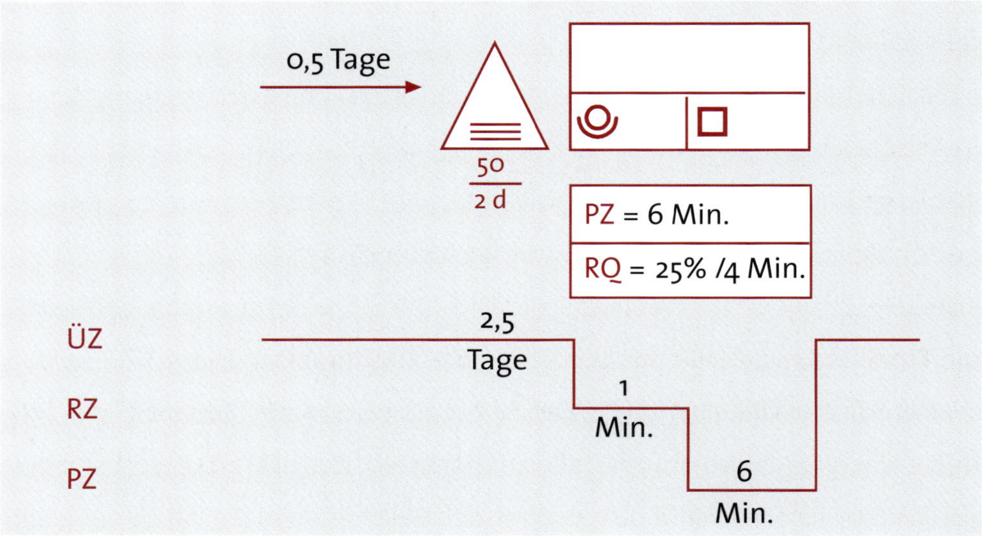

Praxis-Tipp:
Übung macht den Zeitwert-Meister

Beachten Sie bei der Errechnung der Zeiten, dass bei verzweigten Prozessläufen die Zeiten anteilig errechnet werden. Das gilt auch für verteilte Rückfragequoten.
Am Anfang wird Ihnen die Ermittlung der Zeitwerte sehr kompliziert erscheinen. Mit zunehmender Übung werden Sie jedoch in der Lage sein, bereits bei der Aufnahme diese Werte aus dem Kopf direkt zu errechen.

Zeitlinie bei der *Haus & Schloss AG*

Für die Zeitlinie beim Geschäftsvorfall "Durchführung technische Instandsetzung in Eigenleistung" bei der Haus und Schloss AG gelten folgende Grunddaten (s. Grafiken S. 81 bzw. 86):
Da der Prozess auf verschiedenen Wegen ausgelöst werden kann, wurde für jeden Auslöser die Häufigkeit mit einem Prozentwert (40, 35 bzw. 25 Prozent) auf dem Datenblatt angegeben. Bei jedem Auslöser sammeln sich unterschiedliche Arbeitsvorräte an. Um den Durchschnittwert der Übergangszeit zu ermitteln, werden die jeweiligen Arbeitsvorräte (Angabe in Tagen) mit dem Prozentwert multipliziert. Die Summe der drei Produkte ergibt den Durchschnittwert von 4,1 Tagen Übergangszeit, der für den ersten Abschnitt der Zeitlinie gilt:

ÜZ = 40% x 9 Tage + 35% x 0 + 25% x 1,8 Tage = 4,1 Tage

Die Rückfragezeit bei der Auftragsannahme wird äquivalent ermittelt. Dazu werden sowohl die Häufigkeitsanteile der jeweiligen Funktionen (40%, 35%, 25%) als auch die Anteile der Aufträge mit Rückfragen (33%, 10%, 5%) prozentual mit ihren jeweiligen Rückfragezeiten (5, 10 und 10 Minuten) eingerechnet. Zusätzlich wird der entsprechende Mehraufwand zur Beantwortung von Rückfragen der nachgelagerten Auftragsbearbeitung zusätzlich aufaddiert:

RZ = 40% x 33% x 5 Min + 35% x 10% x 10 Min + 25% x 5% x 10 Min = 1,1 Minuten

Die durchschnittliche Prozesszeit errechnet sich anteilig aus den einzelnen Prozesszeiten und den jeweiligen Häufigkeitsanteilen (40%, 35%, 25 %):

PZ = 40% x 2Min + 35% x 3 Min + 25% x 10 Min = 4,4 Minuten

Beim nächsten Prozessschritt "Auftrag bearbeiten" beträgt die Übergangszeit ÜZ 1,8 Tage, was dem Arbeitsvorrat entspricht. Die Prozesszeit ist ebenfalls durch Rechnung ermittelbar: PZ = 6 Minuten

Die Rückfragezeit berechnet sich folgendermaßen:

35% x 10 % x 5 Min + 25 % x 60 % x 15 Min + 25 % x 15 Min = 6,2 Minuten

Achtung: Schon bei schnellem Hinsehen fällt auf, dass mehr Zeit für Rückfragen und Recherchen als für den eigentlichen Prozess benötigt wird.

Die Zeitwerte für den restlichen Wertstrom wurden in derselben Form ermittelt. Dabei war insbesondere bei der Materialzulieferung für den Servicetechniker auf die richtige Verrechnung der Zeiten zu achten. Die Verrichtungszeit wurde nicht in die Prozesszeit des Geschäftsvorfalls, sondern in die Durchlaufzeit eingerechnet.

Die Grafik auf der nächsten Seite zeigt, wie die kompletten Zeitlinien aussehen.

Die schematische Darstellung Ihrer Geschäftsprozesse, die Sie mit der Methode der Wertstromanalyse erstellen, gibt Ihnen nicht nur einen Überblick über den Ablauf Ihrer Geschäftsprozesse. Wenn Sie die Darstellung richtig interpretieren, finden Sie deutliche Hinweise auf Schwachstellen – und damit auf Verschwendung im Sinne von Lean Management. Damit erhalten Sie konkrete Ansätze für Verbesserungsmaßnahmen im Rahmen der Optimierung Ihrer Geschäftsprozesse.

Kunde
13.572 Aufträge pro Jahr
X-Produkt
Verfügbar: 5/12
Auftrags-management
Disposition
Hausmeister
Serviceteam
Lieferanten
40 %
35 %
25 %
500 / 9 d
Auftrags-annahme 18 4
PZ = 2 Min.
RQ: 33%/ 5 Min.
Auftrags-annahme 8 4
PZ = 3 Min.
RQ: 10%/ 10 Min.
100 / 1,8 d
Auftrags-annahme 30 4
PZ = 10 Min.
RQ: 5%/ 10 Min.
25 % 15 Min.
10 % 5 Min.
60 % 15 Min.
100 / 1,8 d
Auftrag bearbeiten 18 5
PZ = 6 Min.
400 / 7 d
Auftrag dis-ponieren 20 8
PZ = 12 Min.
RQ: 10%/ 10 Min.
2,5 Tage
500 / 9 d
Service durchführen 80 13
PZ = 12 Min.
VZ: 105 Min.
RQ: 10%/20 Min.
15% 55 Min.
4 Tage
2,5 Tage
500 / 9 d
Auftrag abschließen 20 4
PZ = 8 Min.
RQ: 40%/ 10 Min.
1200 / 21 d
Fakturierung 4 4
PZ = 15 Min.
QQ: 20%/ 10 Min.
57,5 Tage Übergangs-/Liegezeit
16,3 Min. Rückfragezeit (30%)
57,4 Min. Prozesszeit (70 %)
ca. 58 Tage Durchlaufzeit
ÜZ
RZ
PZ
4,1 Tage
1,1 Min.
4,4 Min.
1,8 Tage
6,2 Min.
6 Min.
7 Tage
1 Min.
12 Min.
12,1 Tage
2 Min.
12 Min.
11,5 Tage
4 Min.
8 Min.
21 Tage
2 Min.
15 Min.

8) Maßnahmen ableiten

Das Identifizieren und Beseitigen von Verschwendung ist der Schlüssel, mit dem Lean Management die Produktivität von Unternehmen erhöht. Die sieben Formen der Verschwendung konnten Sie bereits in der Einleitung dieses Workbooks kennen lernen (vgl. S. 25).

Vermutlich werden Sie auch in Ihrem Unternehmen an einigen Stellen Verschwendung finden. Bei der Identifikation dieser Schwachstellen hilft Ihnen die symbolische Darstellung Ihrer Wertströme. Betrachten Sie die Zeichnungen genau und gehen Sie gezielt auf die Suche nach Verschwendung.

Lassen Sie sich dabei von folgenden Fragestellungen leiten:

- Doppelarbeiten
  Werden einzelne Tätigkeiten an mehreren Stellen erledigt?
- Hohe Bestände
  Gibt es an einzelnen Stellen besonders hohe Bestände, die den Fluss der Arbeit aufhalten?
- Lange Durchlaufzeiten
  Sind die Durchlaufzeiten Ihrer Vorgänge akzeptabel oder erscheinen sie dem Kunden als zu lange Reaktionszeiten?
- Hohe Rückfragequoten
  Erkennen Sie an manchen Stellen hohe Rückfragequoten, die die Arbeitszeit Ihrer Mitarbeiter für produktive Kerntätigkeiten blockieren?
- Hohe Qualitätsmängel
  Gibt es Stellen, bei denen besonders hohe Qualitätsmängel auftreten – auch wenn Sie die Ursachen noch nicht kennen?
- Arbeiten parallelisieren
  Finden Sie Möglichkeiten, die Prozesszeit zu verkürzen, indem Arbeiten, die bisher nacheinander durchgeführt wurden, parallelisiert werden?

Die Stellen, an denen Sie Verschwendung erkennen, können Sie in den Wertstrom-Diagrammen mit einem "Kaizen-Blitz" (Kaizen = japanisch für kontinuierliche Verbesserung) markieren. Verwenden Sie dafür dieses Symbol:

Wenn Sie die Wertstromanalyse für alle wichtigen Geschäftsprozesse durchführen, legen Sie damit den Grundstein für alle weiteren Analyseschritte. Sie kennen nun den groben Prozessablauf, haben erste Ansätze für Verbesserungsmaßnahmen gefunden und Sie können Ihre Prozesse zeitlich bewerten. All dies wird Ihnen im weiteren Verlauf sehr hilfreich sein.

Die vollständige Wertstromanalyse bei der *Haus & Schloss AG*

Auf der gegenüberliegenden Seite ist die vollständige Wertstromanalyse für den Beispiel-Geschäftsvorfall aus der *Haus & Schloss AG* abgebildet.

Einige Stellen wurden mit dem Kaizen-Blitz als Verschwendung markiert. Damit gibt es eine ganze Reihe von Ansätzen für die Bewertung und auch für Sofortmaßnahmen zur Optimierung:

So fällt zunächst ins Auge, dass die Aufträge auf sehr unterschiedliche Art und Weise vom Kunden ins Unternehmen kommen. Dies führt selbst beim zweiten Prozessschritt noch zu Rückfragen zum ursprünglichen Auftrag.

Auffällig ist auch der hohe Bestand an Aufträgen in der Disposition. Hier sollte man unbedingt der Ursache auf den Grund gehen.

Weil die Servicetechniker nur einmal pro Woche in die Zentrale kommen, erhöht sich Durchlaufzeit deutlich.

Würden bereits durch die Disposition die notwendigen Instandsetzungs-Kits für die Techniker bestellt werden, könnte eine zweite Anfahrt des Technikers, also Doppelarbeit, in vielen Fällen vermieden werden.

Durch klare Standards und Richtlinien für die Auftragsrückmeldung könnte die Rückfragequote gesenkt und so der Arbeitsvorrat abgebaut werden.

Da die vielen Probleme im bisherigen Prozessverlauf dazu geführt haben, dass jeder Auftrag vor der Fakturierung auf Richtigkeit und Vollständigkeit überprüft und zur Sicherheit noch kopiert und abgelegt wird, könnten diese Prozessschritte zur Fehlerbehebung durch eine höhere Prozesssicherheit automatisiert werden bzw. ganz entfallen.

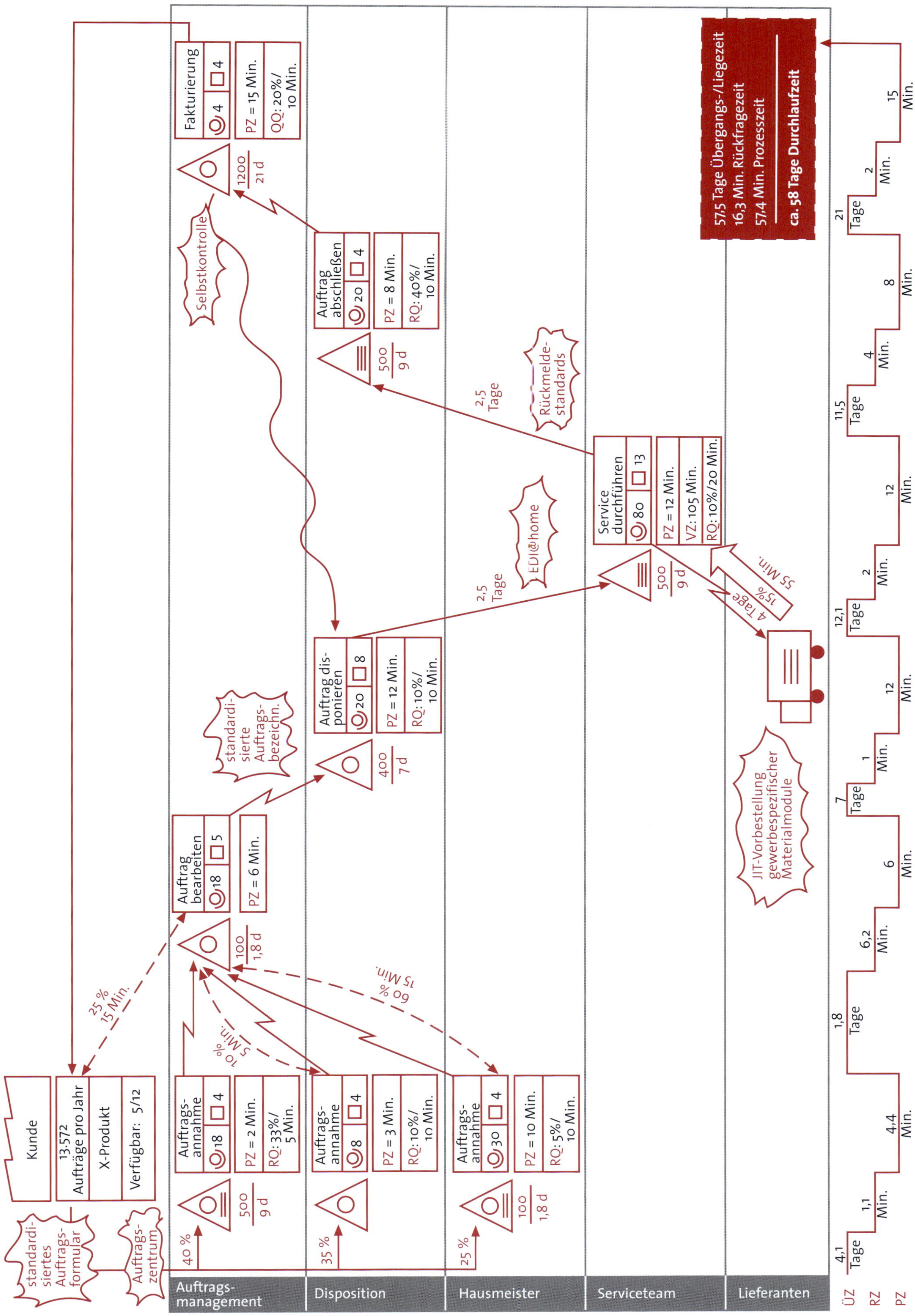

Kunde
13.572 Aufträge pro Jahr
X-Produkt
Verfügbar: 5/12
standardi-siertes Auftrags-formular
Auftrags-zentrum
Auftrags-management
Disposition
Hausmeister
Serviceteam
Lieferanten
40 %
35 %
25 %
500 / 9 d
100 / 1,8 d
Auftrags-annahme 18 4
PZ = 2 Min.
RQ: 33 %/ 5 Min.
Auftrags-annahme 8 4
PZ = 3 Min.
RQ: 10 %/ 10 Min.
Auftrags-annahme 30 4
PZ = 10 Min.
RQ: 5 %/ 10 Min.
25 % 15 Min.
10 % 5 Min.
60 % 15 Min.
Auftrag bearbeiten 18 5
PZ = 6 Min.
400 / 7 d
standardi-sierte Auftrags-bezeichn.
Auftrag dis-ponieren 20 8
PZ = 12 Min.
RQ: 10 %/ 10 Min.
2,5 Tage
EDI@home
500 / 9 d
Service durchführen 80 13
PZ = 12 Min.
VZ: 105 Min.
RQ: 10 %/20 Min.
4 Tage 15 % 55 Min.
JIT-Vorbestellung gewerbespezifischer Materialmodule
2,5 Tage
Rückmelde-standards
500 / 9 d
Auftrag abschließen 20 4
PZ = 8 Min.
RQ: 40 %/ 10 Min.
Selbstkontrolle
1200 / 21 d
Fakturierung 4 4
PZ = 15 Min.
QQ: 20 %/ 10 Min.
57,5 Tage Übergangs-/Liegezeit
16,3 Min. Rückfragezeit
57,4 Min. Prozesszeit
ca. 58 Tage Durchlaufzeit
ÜZ
RZ
PZ
4,1 Tage
1,1 Min.
4,4 Min.
1,8 Tage
6,2 Min.
6 Min.
7 Tage
1 Min.
12 Min.
12,1 Tage
2 Min.
12 Min.
11,5 Tage
4 Min.
8 Min.
21 Tage
2 Min.
15 Min.

B. Prozess-Feinanalyse

Nachdem im ersten Schritt die wesentlichen Geschäftsvorfälle mit Hilfe der Wertstromanalyse im Groben skizziert und analysiert wurden, folgt nun die Prozess-Feinanalyse. Hierbei stehen die Einzeltätigkeiten der Teilprozesse im Fokus: Welche Tätigkeitsschritte sind in den einzelnen Bereichen erforderlich, um die Leistungen für Ihre Kunden zu erstellen? Wo werden diese Tätigkeiten durchgeführt? Wie sind sie miteinander verknüpft?

Diese Einzelschritte werden nun erneut mit Hilfe festgelegter Symbole dokumentiert. Das klingt nach viel Detailarbeit, ist es auch, aber nicht ganz so aufwändig, wie es zunächst klingen mag. Denn nicht alle Teilprozesse erfordern eine weitere Detaillierung. Mit der Feinanalyse werden nur die Teilprozesse näher analysiert, die den Fluss behindern, bei denen Bearbeitungs- bzw. Übergangszeiten lang sind und hohe Verschwendungspotenziale vermutet werden, Qualitätsprobleme auftreten, viele Schnittstellen bestehen, ein hoher Anteil von Wiederholtätigkeiten vorliegt, und natürlich diejenigen, die ein kritischer Pfad oder sogar der Engpass selbst sind.

Die Teilprozesse, die jetzt nicht mit der Feinanalyse betrachtet werden, sollten auf offensichtliche Verschwendungspotenziale untersucht und für den anschließenden kontinuierlichen Verbesserungsprozess vorgemerkt werden.

Galt bei der Wertstromanalyse das Hauptaugenmerk dem Prinzip der Wertschöpfung, so richtet sich die Aufmerksamkeit bei der Feinanalyse nun auf die Ansätze, die den Prozessablauf in sich verbessern können. Ziel ist es, alle Tätigkeiten in einem Prozess so aneinander zu koppeln, dass die Produktionsschritte ohne Unterbrechung nacheinander ablaufen. Im Lean Management spricht man bildlich vom "Fluss-Prinzip".

Bei diesem Analyseschritt geht es nun also – im Bild gesprochen – darum, alle Klippen und Steine zu finden, die den Fluss zum Stocken bringen. Die Prozess-Feinanalyse wird also genau die Problemstellen identifizieren, die den unterbrechungsfreien Prozessfluss hindern.

Erstellung von Prozess-Feinanalysen mit dem Analysediagramm

Für die Feinanalyse gibt es ein spezielles Analysediagramm, in dem sich ein Teilprozess detailliert aufschlüsseln und systematisch darstellen lässt (s. Anhang Abb. 3). Dazu werden sämtliche Einzeltätigkeiten eines Teilprozesses mit allen zugehörigen Informationen, wie Ausführende und Beteiligte, Prozessmedien und -mittel, Bearbeitungs- und Übergangszeiten sowie identifizierte Schwachstellen, dokumentiert.

Dazu gibt es wieder eine Reihe von definierten Symbolen und Elementen, die Sie bei der systematischen Darstellung unterstützen:

Aktionskasten 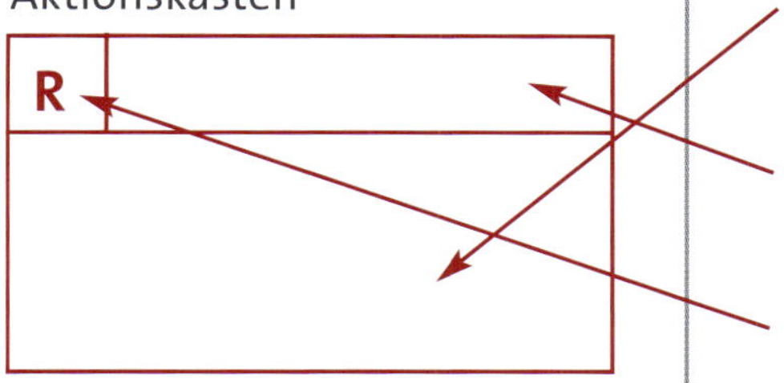	In dem Aktionskasten werden die Tätigkeiten und Ereignisse beschrieben Feld zum Eintragen weiterer Prozessbeteiligter (Funktionen) Tätigkeitsattribut zur Kennzeichnung besonderer Tätigkeiten (optional) **G** Genehmigungsverfahren **R** Rückfrage mit Angabe des Inhalts und des Grundes (Prozessblitz bei Rückfragen, die nicht prozessbedingt sind) **I** Informationsmitteilung **Q** Qualitätskontrolle mit Angabe, was in welcher Form kontrolliert wird Entwickeln Sie individuelle Attribute je nach Bedarf für Ihr Unternehmen!
Verbinder	Verbindung von Prozesssymbolen
 Prozessblitz	Darstellung von Stör- und Einflussgrößen, die einen reibungsfreien Prozessablauf behindern. Die nummerierten Verweise dienen zur Erfassung und Referenz für spätere Verbesserungsmaßnahmen

Wie die Feinanalyse eines Teilprozesses aussieht, zeigt das Beispiel aus der *Haus & Schloss AG*:

Feinanalyse bei der *Haus & Schloss AG*

Die Grafik auf der nächsten Seite zeigt den Teilprozess "Auftrag bearbeiten" (Teilprozess im Auftragsabwicklungsprozess).

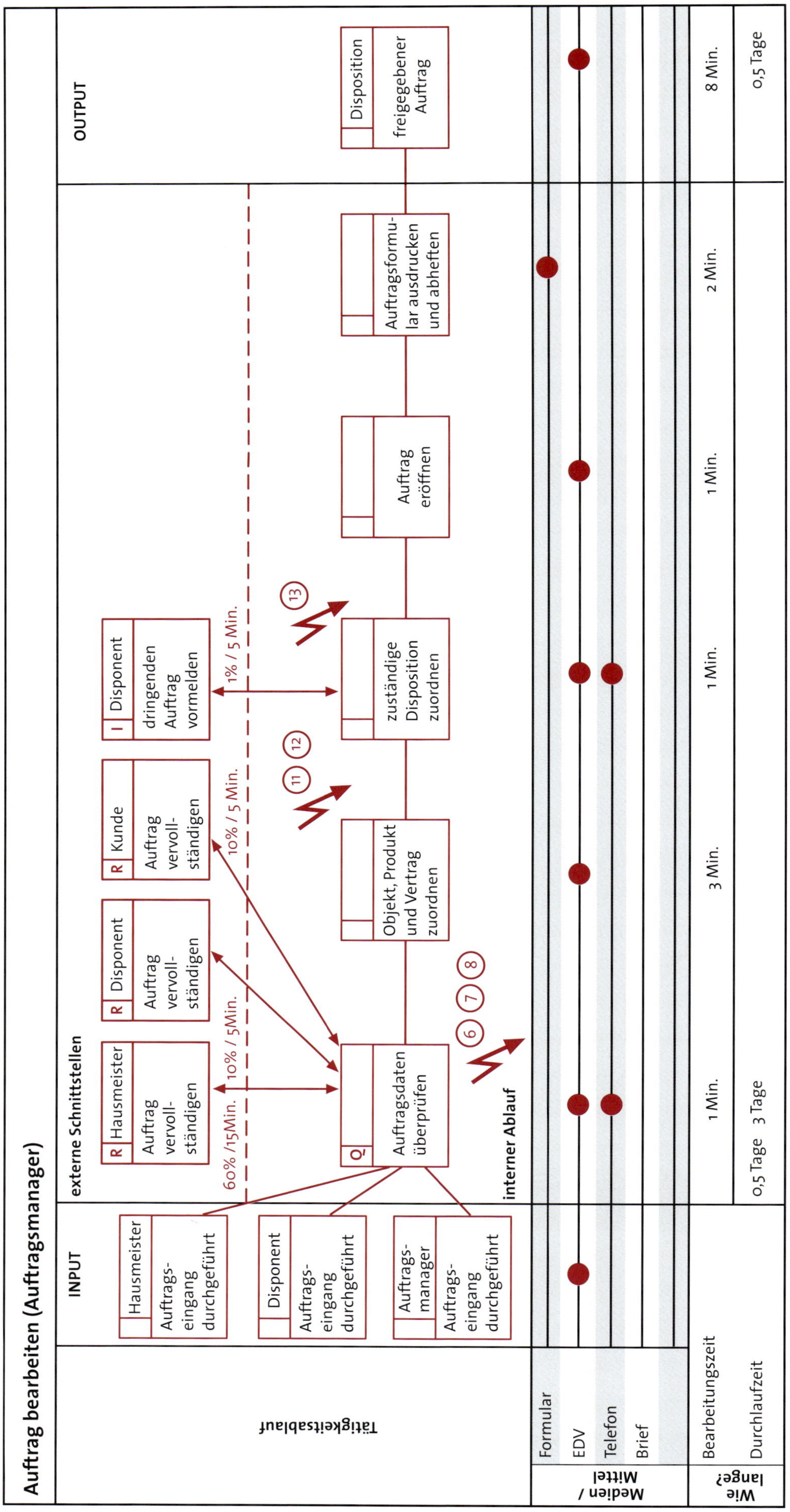
Auftrag bearbeiten (Auftragsmanager)
Tätigkeitsablauf
INPUT
Hausmeister
Auftrags-eingang durchgeführt
Disponent
Auftrags-eingang durchgeführt
Auftrags-manager
Auftrags-eingang durchgeführt
externe Schnittstellen
R Hausmeister
Auftrag vervoll-ständigen
R Disponent
Auftrag vervoll-ständigen
R Kunde
Auftrag vervoll-ständigen
I Disponent
dringenden Auftrag vormelden
60% /15Min.
10% / 5Min.
10% / 5 Min.
1% / 5 Min.
Q
Auftragsdaten überprüfen
6 7 8
Objekt, Produkt und Vertrag zuordnen
11 12
zuständige Disposition zuordnen
13
Auftrag eröffnen
Auftragsformu-lar ausdrucken und abheften
interner Ablauf
OUTPUT
Disposition
freigegebener Auftrag
Medien / Mittel
Formular
EDV
Telefon
Brief
Wie lange?
Bearbeitungszeit
1 Min.
3 Min.
1 Min.
1 Min.
2 Min.
8 Min.
Durchlaufzeit
0,5 Tage
3 Tage
0,5 Tage

Praxis-Tipp

Kleben Sie Papierbahnen aneinander

Die Darstellung des gesamten Auftragsabwicklungsprozesses in dieser Form verläuft, in Papier ausgedruckt, über mehrere Meter. Es ist nicht ungewöhnlich, wenn bei der Darstellung Ihrer Prozesse (per Hand oder danach per EDV) lange Papierbahnen entstehen, die Sie am besten aneinander kleben und an Ihren Bürowänden aufhängen, um das Ergebnis genau zu betrachten und zu analysieren.

Ein solches Analysediagramm entsteht nach und nach, am besten in einem Workshop gemeinsam mit den beteiligten Mitarbeitern. Doch bevor Sie loslegen, sollten Sie verstehen, was Sie am Ende vorfinden werden:

Auf dem fertigen Analysediagramm kann man die genaue Abfolge der Einzeltätigkeiten aller Prozesse erkennen. Damit hat man nicht nur einen Überblick über den gesamten Ablauf, sondern auch über die einzelnen Teilschritte bei besonders wichtigen und komplexen Teilprozessen. Dies ergibt die Grundlage, um nun die einzelnen Tätigkeiten den Funktionen zuzuordnen und ihre Bedeutung für den Produkterstellungsprozess zu untersuchen.

Das Diagramm unterteilt sich in vier horizontale Bahnen:

- Bahn 1:

  Hier stehen der Name des Teilprozesses und die hauptsächlich ausführende bzw. verantwortliche Funktion. Verwenden Sie dabei nach Möglichkeit die Bezeichnung aus der Wertstromanalyse.

- Bahn 2:

  Hier dreht sich alles um die Tätigkeitsabläufe. In der mittleren Spalte werden – vorzugsweise am unteren Ende der Bahn – die Einzeltätigkeiten in ihrer Abfolge aufgenommen ("Interner Ablauf"). Im oberen Bereich ("externe Schnittstellen") werden sämtliche Tätigkeiten und Ereignisse dargestellt, bei denen die ausführende Funktion mit anderen Funktionen interagiert (z.B. bei Rückfragen, Informationen, Abstimmungen etc.). Bewerten Sie diese Interaktion durch einen Pfeil und die Angabe, mit welcher Wahrscheinlichkeit diese externe Schnittstelle eintritt und wie sich dadurch die Durchlaufzeiten verzögern. Für die Dokumentation der Schnittstellen sind die beiden Randspalten vorgesehen: Auslösende Schnittstellen werden links in der Spalte "INPUT" eingetragen, die Ergebnis-Schnittstellen in der rechten Spalte "OUTPUT".

- Bahn 3:
  Hier sind alle Mittel und Medien aufgelistet, die bei den einzelnen Tätigkeiten genutzt werden bzw. mit denen die Informationen übertragen werden, beispielsweise Formulare, EDV-Programme oder Tabellen. Bezeichnen Sie die jeweiligen Dokumente oder Programme eindeutig, damit die Hilfsmittel nachvollziehbar sind, und hinterlegen Sie sie in der Prozessdokumentation.
- Bahn 4:
  Hier wird jeweils die ungefähre Bearbeitungs- und Übergangszeit erfasst. Dabei spielt es keine Rolle mehr, ob es sich um wertschöpfende, produktive oder Nebenzeiten handelt.

Feinanalyse im Prozess-Workshop

Die Aufnahme der Prozesse führen Sie idealerweise in einem Workshop durch. Versammeln Sie dazu nur direkt am Prozess beteiligte Mitarbeiter.

Natürlich sollten Sie den Workshop gut vorbereiten. Das benötigte Arbeitsmaterial sollte bereit liegen und alle Teilnehmer sollten über die Ziele des Workshops informiert sein (s. Anhang, Abb. 4.).

Praxis-Tipp:

Besser Papier und Kleber als Laptop und Beamer

Bereiten Sie eine leere Vorlage des Analysediagramms für jeden Teilprozess vor (im Großformat als EDV-Ausdruck oder als Zeichnung per Hand).

Wenn Sie bei der Erstellung des Diagramms die Symbole mit einem löslichen Kleber auf die Papier-Vorlage kleben, sparen Sie viel Zeit und bleiben flexibel, weil Sie falsche Symbole einfach wieder ablösen können. Kopieren Sie dazu die Symbole, insbesondere den Aktionskasten, in ausreichender Zahl auf Karten im DIN A 6-Format.

Natürlich können Sie den Prozessverlauf auch direkt in den Laptop eingeben und das Ergebnis per Beamer an die Wand projizieren. Von dieser Methode raten wir jedoch ab, da das Mitdenken der Teilnehmer und die Übersichtlichkeit nicht mehr gewährleistet sind.

Im Workshop selbst gilt es, für jeden Prozessschritt folgende Fragen gemeinsam Punkt für Punkt durchzugehen und die Antworten vollständig zu erfassen:

- Wer ist verantwortlich für den Prozess?
- Was ist der Anstoß bzw. der Auslöser des Prozesses?
- Was sind die Auslöser (Inputs) des Prozesses?
- Wie wird der Prozess abgewickelt (Tätigkeiten)?
- Welche Dokumente sind bei der Durchführung relevant?
- Wer arbeitet mit wem (Mitwirkungen, Verantwortlichkeiten)?
- Was sind die Ergebnisse (Outputs) des Prozesses?
- Wie ist das Vorgehen bzw. wer sind die Verantwortlichen bei Störungen oder Änderungen?
- Welche Prozessziele sind festgelegt?
- Wann und wie wird die Leistungsfähigkeit gemessen (Soll-Ist-Vergleich), visualisiert und bewertet (Kennzahl)?
- Wie wird der Prozess wirksam verbessert bzw. werden Korrekturmaßnahmen festgelegt und überwacht?

Vermeiden Sie dabei unbedingt den Charakter eines Verhörs. Sie wollen hier einen IST-Zustand ermitteln. Niemand sollte sich rechtfertigen wollen oder gar müssen, warum etwas wie lange dauert und wieso es Rückfragen gibt. Es IST wie es IST. Darum geht es. Gemeinsam werden Sie am Ende Lösungen ermitteln, wie Sie es – ebenfalls gemeinsam – besser machen können.

Achten Sie auch darauf, sich nicht im Detail zu verlieren. Bei aller Detailfreude ist es keineswegs notwendig, jeden einzelnen Handgriff zu erfassen. Denken Sie einfach an die 80:20-Regel! Es muss nicht jede Sonderausnahme, die einmal im Jahr vorfällt, erfasst werden.

Verschwendung aufdecken:

a) Die Prozessblitz-Tabelle

Während der Prozessaufnahme werden Sie immer wieder feststellen, dass es an verschiedenen Punkten innerhalb des Ablaufs zu Problemen bei bestimmten Tätigkeiten kommt. Diese Stellen markieren Sie dann mit so genannten "Prozessblitzen", die Sie ja schon aus dem letzten Analyse-Schritt kennen.

Die markierten Schwachstellen nehmen Sie sich dann später gesondert vor, um gezielte Verbesserungsmaßnahmen zu entwickeln. Damit Sie die Prozessblitze nicht aus den Augen verlieren und den jeweiligen Tätigkeiten und Mitarbeitern zuordnen können, dokumentieren Sie sie gesondert, am besten nummeriert in einer speziellen Aufstellung mit einigen Angaben zu den Details.

Die Aufstellung der Problemfelder, die mit Prozessblitzen gekennzeichnet sind, ist damit das zweite wichtige Ergebnis der Feinanalyse: Sie gibt nicht nur Hinweise auf Schwachstellen, sondern enthält auch schon Vorschläge für Verbesserungsmaßnahmen.

Prozessblitze bei der *Haus & Schloss AG*

Blitz-Nr.	Teilprozess	Tätigkeit	Beteiligte / Betroffene	Beschreibung	Maßnahme
6			AM, HM, DI	Häufig nicht alle o. unvollständige Daten in EDV eingegeben	Pflichtfelder in der EDV aktivieren
7		Auftrag prüfen	AM	Falsche Buchungskonten in der EDV	
8			AM	Kundenadressen fehlerhaft	Einmalige und kontinuierliche Datenpflege
9	Auftrag bearbeiten	Auftrag klären	AM, HM, DI	Rückfrage zeitaufwendig durch schlechte Erreichbarkeit	Auftragszentrum für Annahme und Bearbeitung aus einer Hand
10			AM, HM, DI	Rückfrage unmöglich, durch zu großen Zeitabstand	Standardisiertes Ablagesystem mit Zeitstaffeln für Rückfragen
11		Objekt, Produkt, Vertrag zuordnen	AM	Falsche Produktzuordnung zu Verträgen	Bessere Beschreibung der EDV-basierten Vertragsbedingungen
12			AM	Objektdaten veraltet	Überarbeitung aller Objektdaten durch Vor-Ort-Aufnahmen
13		Disposition eintragen	AM, DI	Auftrag an falsche Disposition geleitet	systembedingte Weiterleitung

b) Das G R I Q - Potenzial

Um weitere Verschwendung zu erkennen, müssen Sie nun Ihr Analysediagramm genauer untersuchen. Dabei gilt: Jede Karte auf Ihrem Diagramm, die ein G, R, I oder Q-Attribut enthält (vgl. Kasten S. 91), birgt in höchstem Maße Verschwendung – oder positiv formuliert: Einsparpotenziale. Markieren Sie diese Punkte mit Prozessblitzen und ergänzen Sie die schon vorhandene Aufstellung. Scheuen Sie sich nicht, alles in Frage zu stellen!

c) Schnittstellen und Medienwechsel

Schauen Sie zum Beispiel auf die Spalten mit den Schnittstellen. Schnittstellen sind fast immer neuralgische Punkte. "Alles in einer Hand" oder "Alles an einem Ort" heißt daher ein Prinzip, das in der Industrie vielerorts wirkungsvoll angewandt wird. Dieses Prinzip kann auch auf Verwaltungsvorgänge übertragen werden.

Hinweise auf Verschwendung finden Sie vermutlich auch in der Diagramm-Bahn mit den Hilfsmitteln und Medien. Häufige Medienwechsel von Papier zum EDV-Programm und wieder zum Papier oder häufige Übertragungs- und Weiterverarbeitungsvorgänge bedeuten Verschwendung.

Praxis-Tipp:

Poka Yoke

Zu den typischen Schwachstellen im administrativen Bereich gehören unvollständig oder falsch ausgefüllte Formulare. Gestalten Sie Ihre Formulare so, dass man keine Fehler mehr machen kann.

In der Industrie wird viel mit dem Prinzip "Poka Yoke" gearbeitet, einer Methode, die durch die Gestaltung der Prozesse und Prozessabläufe keine Bearbeitungsfehler mehr zulässt. Poka Yoke lässt sich auch auf den Bereich der Verwaltung übertragen. So kann ein EDV-Programm den nächsten Schritt nur zulassen, wenn alle Felder aus dem vorherigen ausgefüllt sind und intern ein Plausibilitätscheck durchgeführt wurde.

d) Zeit-Lücken

Klaffen Bearbeitungszeit und Durchlaufzeit zu weit auseinander, sind häufig hohe Bestände die Ursache dafür oder Personen, die Engpässe schaffen. Engpässe und Bestände lassen sich erfahrungsgemäß oftmals relativ zeitnah beseitigen, wenn erst einmal klar ist, wie es dazu kommen konnte. Daher: Gehen Sie zunächst der Ursache auf den Grund – erst danach sollten dann zielgerichtete Maßnahmen zur Beseitigung überlegt werden!

Nachdem Sie diese analytischen Betrachtungen nochmals verifiziert haben, können Sie in einem weiteren Workshop gemeinsam mit den betroffenen Mitarbeitern kurz-, mittel- und langfristige Maßnahmen gegen die nunmehr offensichtliche Verschwendung definieren.

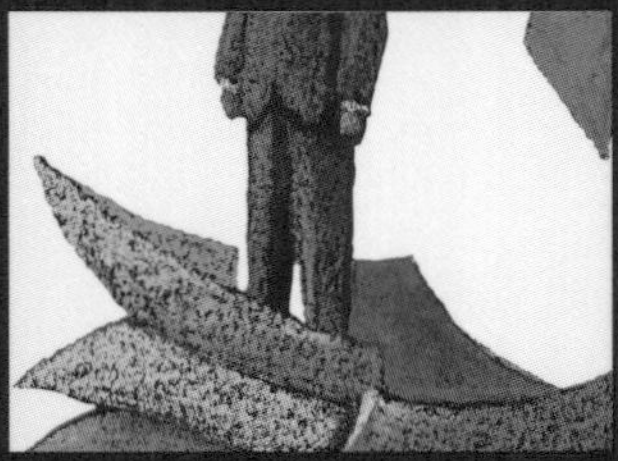

Analyse-Schritt 4: Tätigkeitsstruktur-analyse (TSA)

Sind die Tätigkeiten optimal auf Ihre Mitarbeiter verteilt?

- Vorbereitung der Tätigkeitsstrukturanalyse
- Durchführung
- Auswertung
- Optimierung der Kapazitätsauslastung

Analyse-Schritt 4:

Tätigkeitsstrukturanalyse (TSA): Sind die Tätigkeiten optimal auf Ihre Mitarbeiter verteilt?

Sie kennen mittlerweile Ihre Geschäftsfelder und Ihre Produkte. Sie wissen auch, welche Prozesse zu den Produkten führen und welche Tätigkeiten von welchen Funktionen es innerhalb der Prozesse gibt. Bei der Prozessanalyse haben Sie auch eine ungefähre Vorstellung davon bekommen, wie lange jeder Prozessschritt dauert. Sie wissen aber nicht, wie sich die verschiedenen Aufgaben auf die Mitarbeiter innerhalb einer Funktion verteilen, welche organisatorischen Einflüsse es gibt und wie lange die einzelnen Tätigkeiten dauern. Darum geht es bei der Tätigkeitsstrukturanalyse (TSA).

Praxis-Tipp:

Vorsicht: Missverständnisse vermeiden!

Bitte verwechseln die Tätigkeitsstrukturanalyse nicht mit einer Mitarbeiterbeurteilung! Es geht hier zwar um die Tätigkeiten Ihrer Mitarbeiter, aber nicht um irgendeinen Mitarbeiter oder gar um seine individuelle Leistungsfähigkeit. Das sollten auch alle Mitarbeiter, die in die Analyse einbezogen werden, genau wissen, damit kein falscher Eindruck entsteht. Ziel ist es nicht, die Mitarbeiter untereinander zu vergleichen, sondern eine funktionsbezogene Analyse über Aufwände, Zeiten und Schwachstellen zu erhalten, um Verschwendungsursachen zu bekämpfen.

Auch in diesem Analyseschritt werden Sie Optimierungspotenziale aufdecken, zum Beispiel an welchen Stellen die Abläufe nicht optimal organisiert sind, wo Nebenzeiten verbraucht und organisatorische Zeiten benötigt werden. Damit gewinnen Sie die Grundlagen für eine Organisations- und Kapazitätsanpassung. Das Ergebnis:

- Eliminierung von Redundanzen in der Aufgabenwahrnehmung
  klare Zuständigkeiten in den Prozessen
- Richtige Aufgabenzusammenfassung
  reduzierte Schnittstellen und Prozessschleifen
- Vermeidung von Doppelarbeit
  verringerter Ressourcenverbrauch

- Reduzierung der Neben- und organisatorischen Tätigkeiten
weniger Verschwendung und höhere Konzentration auf die Wertschöpfung

Praxis-Tipp:

Beziehen Sie auch die Führungskräfte ein!

Wichtig ist, dass Sie die TSA mit Ihrer Geschäftsführung und mit dem Betriebsrat ausführlich durchsprechen. Hilfreich ist es außerdem, wenn Sie sich ein Projektteam zur Unterstützung Ihrer Arbeit zusammenstellen.

Bei diesem Analyseschritt müssen unbedingt alle Funktionen und Mitarbeiter berücksichtigt werden, die an den Haupt- und Teilprozessen beteiligt sind und wertschöpfende Tätigkeiten durchführen.

Es empfiehlt sich deswegen, einen genauen Plan aufzustellen, bei dem man bequem auf die bereits analysierten Prozesse und die Ergebnisse der Prozessdarstellungen zurückgreifen kann. Hier sollten nicht nur alle an den Prozessen beteiligten Funktionen, sondern auch deren übergeordnete Leitungsfunktionen berücksichtigt werden. Zwar sind die Führungskräfte selten explizit an den Prozessen beteiligt. Aber sie sind wichtig, um die aufgabenbezogenen Führungsstrukturen innerhalb der einzelnen Abteilungen zu erkennen. Beziehen Sie aber möglichst nur die nächste Hierarchieebene ein und überprüfen Sie kritisch, ob die Analyse einer weiteren Hierarchieebene wirklich sinnvoll ist.

Die Durchführung der Tätigkeitsstrukturanalyse ist sehr aufwändig und findet auf einer sensiblen Unternehmensebene statt. Bereiten Sie sich deshalb gut vor, dadurch schaffen Sie die Grundlage für einen zügigen Ablauf, verhindern Missverständnisse in der Zusammenarbeit und reduzieren auch Ihren

Wer	■ Führungskräfte/ Vorgesetzte ■ Vertrauensperson	■ Mitarbeiter ■ Vertrauensperson	■ Geschäfts-führung	■ Mitarbeiter	■ Mitarbeiter ■ Vertrauensperson
Was	Abstimmung TSA mit Führungskräften/Vorgesetzten aus der Linie: Information über und Einweisung in die TSA	Informations-veranstaltung Veranstaltung für alle an TSA teilnehmenden Mitarbeiter	Verteilen der TSA-Formulare	Ausfüllen der TSA-Formulare*	Rücklauf TSA** - Einsenden der TSA an Vertrauensperson - Überwachung der Rückläufe durch Vertrauensperson
Wie/ Womit?	■ Präsentation ■ Besprechung	■ Präsentation ■ Besprechung	■ E-Mail	■ Jeder für sich ■ TSA-Formular	■ E-Mail

** Einrichtung einer Hotline für evtl. Fragen. ** TSA-Formulare werden durch Nummernvergabe anonymisiert.

Aufwand bei der Auswertung. Machen Sie sich dabei sehr klar, wer bei der TSA welche Aufgabe übernimmt (vgl. Abb. unten) und wie diese Aufgaben ineinander greifen müssen, damit die Analyse zu einem Erfolg wird.

Vorbereitung der Tätigkeitsstrukturanalyse

Basis für die Ermittlung der funktionsbezogenen Tätigkeiten sind in erster Linie die Prozessdarstellungen aus der Wertstromanalyse und den Analyse-Diagrammen der Prozessanalyse. Jetzt werden alle relevanten Tätigkeiten und Tätigkeitsschritte allerdings nicht prozessbezogen, sondern funktionsbezogen betrachtet. Deswegen müssen zunächst für jede beteiligte Funktion alle Tätigkeiten, die sie ausführt oder bei denen sie mitwirkt, aufgelistet werden. In der Regel nimmt eine Funktion weitere Aufgaben wahr, die sich aus den Stellenbeschreibungen oder/und aus allgemeinen organisatorischen Unternehmensvorgaben (wie Besprechungskultur o.ä.) ablesen lassen.

Stellen Sie für jede Funktion alle erfassten Tätigkeiten in einer Tabelle zusammen (s. Abb. S. 105) und geben Sie für jede Tätigkeit, so weit möglich, den Geschäftsvorfall an, in dem diese Tätigkeit vorkommt. Kommt eine Tätigkeit in mehreren Geschäftsvorfällen vor, so kennzeichnen Sie dies entsprechend. Begrenzen Sie jedoch die Anzahl der Tätigkeiten pro Funktion auf etwa 15 bis 20 Einzeltätigkeiten. Sollten es dennoch mehr sein, versuchen Sie ähnliche oder zusammengehörende Tätigkeiten zusammenzufassen.

Nach der simplen Sammlung aller Tätigkeiten geht es dann um die Kategorisierung der Tätigkeiten: Wie Sie ja bereits wissen, unterscheidet man im Lean Management zwischen drei Tätigkeitsarten: Den Kerntätigkeiten, die sich aus der originären Aufgabe der jeweiligen Funktion ableiten, den Nebentätigkeiten,

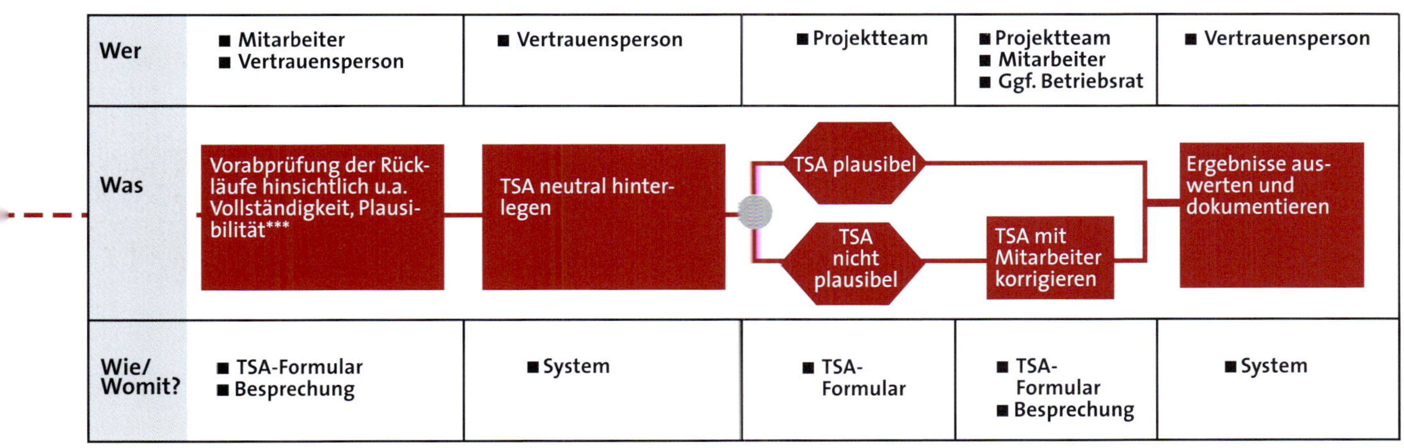

*** Ggf. Durchführen von Interviews mit den Mitarbeitern

die zwar unmittelbar mit dem Unternehmenszweck zu tun haben, aber nur bedingt wertschöpfend sind, z.B. prozessbezogene Besprechungen oder Weiterbildung, und die organisatorischen Tätigkeiten, die aus Sicht der prozessualen Wertschöpfung Verschwendung sind, also allgemeine Bürotätigkeiten oder nicht prozessbezogene E-Mail- und Telefonkommunikation.

Bestimmen Sie daher für jede Tätigkeit, ob es sich um Kern-, Neben- oder organisatorische Tätigkeiten handelt und ergänzen Sie in Ihrer Tabelle die Kategorien, am besten mit der Abkürzung K = Kerntätigkeiten, N = Nebentätigkeiten, O = organisatorische Tätigkeiten.

Indem Sie die Tätigkeit nach ihrer Bedeutung für die Wertschöpfung kategorisieren, schaffen Sie ein zusätzliches Beurteilungskriterium, das Sie bei der Analyse der Prozesse und der Funktionen heranziehen können.

In Ihrer Aufstellung finden sich also für jede Funktion, die Sie analysieren wollen,

- alle Tätigkeiten, die die Funktion ausführt,
- die jeweilige Zuordnung zu den Geschäftsvorfällen und
- die Kategorisierung K/N/O.

Es empfiehlt sich die erfassten Tätigkeiten nach ihrer Tätigkeitsart zu sortieren und bei jeder Tätigkeitsart noch zwei bis drei Felder freizulassen. Dann können Ihre Mitarbeiter später noch eigene Tätigkeiten eintragen, die sie als wichtig für ihre eigene Arbeit erachten.

Daneben sollte es drei freie Spalten geben, in die Ihre Mitarbeiter später

- die Anzahl der Vorgänge pro Jahr,
- den Zeitaufwand pro Vorgang in Minuten sowie
- die Häufigkeit

eintragen.

Nachdem Sie für jede einzelne Funktion ein eigenes Formular erstellt haben, ermitteln Sie dann für jede Funktion alle Mitarbeiter, die in dieser Funktion tätig sind.

Wichtig dabei ist, dass wirklich alle Mitarbeiter einer Funktion berücksichtigt werden. Sollte einer vergessen werden, oder beispielsweise aus Urlaubsgründen nicht an der TSA teilnehmen, so kann das deutliche Folgen haben, vor allem wenn dieser Mitarbeiter alleine eine Schlüsseltätigkeit innerhalb der Funktion ausführt.

Die TSA wird prinzipiell anonym durchgeführt. Die betroffenen Mitarbeiter erhalten anonymisierte Formulare für die Erhebung der Daten, die sie ohne Namenskennung zurückgeben. So wird deutlich, dass es bei der TSA nicht darum geht, die Arbeitsweise und Effizienz des einzelnen Mitarbeiters zu kontrollieren, sondern ausschließlich um die objektive Erfassung des Zeitaufwandes für die Einzeltätigkeiten. Sichern Sie Ihren Mitarbeitern daher ausdrücklich eine ano-

Das TSA-Formular für die Disponenten der *Haus & Schloss AG*

	1	2	3	4	5	6
Nr.	**Tätigkeitsart**	**Geschäftsvorfall**	**Tätigkeit**	**Anzahl Vorgänge (pro Jahr)**	**Zeitaufwand pro Vorgang (Minuten)**	**Häufigkeit**
	K	Instandsetzung (Eigenleistung)	Auftragsprüfung			
	K	Instandsetzung (Eigenleistung)	Aufträge klären, rückfragen, recherchieren			
	K	verschiedene	Aufträge disponieren			
	K	verschiedene	Terminabsprachen durchführen			
	K	verschiedene	Aufträge verteilen			
	K	verschiedene	Aufträge prüfen u. abschließen			
	K	-	Inspektions- u. Wartefristen überarbeiten			
	K	Instandsetzung (Eigenleistung)	Auftragsannahme von Kunden bzw. GLT			
	K	-	Auftragsüberwachung			
	N	-	Sitzungen (Abteilung)			
	N	verschiedene	Rückfragen beantworten			
	N	-	Aktenablage			
	N	-	Betreuung Servicekräfte			
	N	-	Fortbildung			
	O	-	Allg. Bürotätigkeiten			
	O	-	Lesen u. Bearbeiten von E-Mail u. Post			
	O	-	Sonstige Sitzungen			
	...					

nymisierte Bearbeitung und Auswertung der Daten zu und verhindern Sie den Eindruck einer Leistungskontrolle. Die Einbindung des Betriebsrates von Anfang an ist auch deshalb sehr wichtig, damit dieser sich von der Gewährleistung des Datenschutzes überzeugen kann und die Durchführung der TSA bei der Belegschaft entsprechend vertreten kann.

Praxis-Tipp:

Benennen Sie eine Vertrauensperson für die TSA

Um die Anonymität sicher zu stellen und trotzdem eventuelle Rückfragen direkt mit dem Mitarbeiter zu ermöglichen, sollten Sie mit der Geschäftsführung und dem Betriebsrat eine Vertrauensperson für die TSA benennen.

Die Vertrauensperson führt ein anonymisiertes Protokoll, das nur über die Vertrauensperson zu entschlüsseln ist. Um die eigentlich anonymen, nummerierten Formulare bei Bedarf den einzelnen Mitarbeitern, die die Formulare ausgefüllt haben, zuordnen zu können, erstellt die Vertrauensperson eine Liste, in der alle Mitarbeiter, die an der TSA teilnehmen, eine zufällige Nummer bekommen. Es sollte mit Sicherheit gewährleistet sein, dass nur die Vertrauensperson die Nummern den einzelnen Mitarbeitern zuordnen kann.

Anhand der Nummern protokolliert die Vertrauensperson jeden Vorgang der TSA: Für jeden Mitarbeiter wird erfasst, wann die Unterlagen versandt wurden, wann die ausgefüllten Formulare wieder eingegangen sind sowie ob und wann es Rückfragen zu den Daten eines Mitarbeiters gab. Außerdem sollte dokumentiert werden, wenn Mitarbeiter die TSA aus Abwesenheitsgründen nicht mitmachen.

Auf diese Weise können Sie – trotz gesicherter Anonymität – bei der Auswertung eventuell auftretende Unplausibilitäten erkennen und Unklarheiten oder Unstimmigkeiten klären.

Bevor die TSA durchgeführt wird, benötigen Ihre Mitarbeiter ausreichende Informationen. Hierfür sollten Sie sowohl eine schriftliche Information vorbereiten wie auch den Dialog suchen.

Um nicht unendlich viele Einzelgespräche führen zu müssen, empfiehlt es sich, die Mitarbeiter für jeden Funktionsbereich in einem Workshop zu versammeln. Dort können Sie die Absicht des gesamten Projektes, die Gründe für die Einbindung der TSA in das Projekt, die Ziele, die speziell mit der TSA verfolgt werden, sowie die Vorgehensweise bei der Erfassung diskutieren. Erläutern Sie Ihren Mitarbeitern unbedingt jeden einzelnen Schritt der TSA. Beschreiben Sie insbesondere die Ausfüllanleitung für das Formular intensiv, da es später bei der Auswertung sehr aufwändig ist, fehlerhaft ausgefüllte Formulare zu korrigieren.

Praxis-Tipp:

Erstellen Sie einen Leitfaden für Ihre Mitarbeiter

Damit Ihre Mitarbeiter Einzelheiten zur TSA noch einmal nachlesen können, ist auch ein kleiner Leitfaden hilfreich, in dem die TSA beschrieben und erklärt wird. Stellen Sie dazu die Informationen individuell für Ihre Bedürfnisse zusammen.

Mitarbeiterinformation zur Tätigkeitsstrukturanalyse

So erfassen Sie Ihren Aufwand mit dem TSA-Formular

	1	2	3	4	5	6
Nr.	Tätig-keits-art	Geschäfts-vorfall	Tätigkeit	Anzahl Vorgänge (pro Jahr)	Zeitaufwand pro Vorgang (Minuten)	Häufig-keit

Spalten 1 – 3

Die ersten drei Spalten sind bereits mit den Tätigkeiten, die Sie in unserem Unternehmen ausüben, sowie den dazugehörigen Angaben ausgefüllt. Die eingetragenen Vorgänge wurden bereits im Vorfeld mit Mitarbeitern in Ihrer Funktion erarbeitet. Falls Sie hier noch Ergänzungen vornehmen möchten, nutzen Sie bitte die dafür vorgesehenen freien Zeilen. In den Spalten 1 – 3 werden folgende Informationen gesammelt:

Spalte 1 enthält die Kategorisierung Ihrer Tätigkeiten in Kern-, Neben- und organisatorischen Tätigkeiten.

- Kerntätigkeiten leiten sich aus der originären Aufgabe der jeweiligen Funktion ab.
- Nebentätigkeiten sind zusätzliche Tätigkeiten, die unmittelbar mit dem Unternehmenszweck zu tun haben.
- organisatorische Tätigkeiten sind Tätigkeiten, die mit der (Eigen-)Organisation zu tun haben.

Spalte 2 beschreibt den Geschäftsvorfall, also den Anlass der zu erledigenden Tätigkeit.

Spalte 3 listet die Tätigkeiten Ihres Aufgabenbereichs auf.

Spalten 4 - 6

Ihre Mithilfe bei der Tätigkeitsstrukturanalyse betrifft vor allem die Spalten 4 – 6. Bitte beobachten Sie Ihre einzelnen Tätigkeiten und tragen Sie die Ergebnisse in die vorgegebenen

Spalten ein. Ziel der Analyse ist es, den Aufwand für die einzelnen Tätigkeiten zu erfassen, nicht die Leistung des Mitarbeiters!

Spalte 4: Bitte tragen Sie hier die Anzahl der Vorgänge ein, die Sie durchschnittlich im Jahr von diesem Typ bearbeiten. Hierbei können Systemauswertungen (z.B. angelegte Aufträge) zur Abschätzung der Durchschnittswerte hilfreich sein

Spalte 5: Bitte schätzen Sie den Zeitaufwand, den Sie ungefähr pro Vorgang benötigen, und geben Sie einen Durchschnittswert an.

Spalte 6: Bitte geben Sie hier an, ob und wie oft sich der jeweilige Vorgang wiederholt. Tragen Sie die Zeitangabe der Wiederholung ein, z.B. stündlich, täglich, wöchentlich, monatlich, etc.

Durchführung der Tätigkeitsstrukturanalyse

Nach dieser gründlichen Vorbereitung fällt nun der Startschuss für die eigentliche Analyse. Jetzt ist jeder Mitarbeiter aufgefordert, seine eigene Arbeit zu analysieren. Und zwar parallel zum täglichen Geschäft.

Ein bis zweimal am Tag sollte jeder Mitarbeiter dafür innehalten und resümieren, welche Tätigkeiten er gerade erledigt hat und wie oft, wie lange und in welchen Abständen er diese Tätigkeit durchführt – und zwar pro Jahr.

Dieser Bemessungszeitraum für die Häufigkeit sollte wirklich von allen Mitarbeitern angesetzt werden. Dabei sind auch saisonbedingte Tätigkeiten bzw. Schwankungen zu berücksichtigen. Und auch all die Tätigkeiten, die nur im Erfassungszeitraum der TSA vorkommen – oder auch gerade gar nicht. Weisen Sie insbesondere auf diesen Sachverhalt explizit hin.

Dafür müssen die Mitarbeiter Ruhe und Zeit haben, um nachzudenken. Vier Wochen Analyse-Zeit ist deshalb ein vernünftiger Zeitrahmen für diese Analyse. In diesen vier Wochen werden die meisten regelmäßigen Tätigkeiten mindestens einmal auftreten und zudem genügend Gelegenheit zum ruhigen Nachdenken sein.

Während dieser vier Wochen sollten Sie zusammen mit der Vertrauensperson den Mitarbeitern bei Rückfragen zur Verfügung stehen. Richten Sie zum Beispiel eine Hotline ein, über die Sie oder die Vertrauensperson für Rückfragen immer erreichbar sind. Haben die Mitarbeiter das Gefühl, dass sie mit dieser Aufgabe allein gelassen werden, werden die Ergebnisse am Ende sicher nicht die gewünschte Aussagekraft haben.

Als wichtigstes Hilfsmittel steht jedem Mitarbeiter das vorbereitete TSA-Formular zur Verfügung, auf dem ja seine speziellen Tätigkeiten bereits aufgelistet sind. Zudem hat er dort Freiraum, um zusätzliche Tätigkeiten zu notieren, die seinen Arbeitsalltag ausmachen, ohne dass sie in der Stellenbeschreibung oder in irgendeinem Organigramm auftauchen. Sie werden überrascht sein, wie oft es solche Tätigkeiten gibt!

Praxis-Tipp:

Jeden Tag ein neues Formular

Nicht immer hat ein Mitarbeiter einen Überblick darüber, wie viele Vorgänge er tatsächlich pro Jahr bearbeitet und wie viel Zeit er dafür benötigt. Damit die Mitarbeiter in die TSA-Formulare nicht nur reine Schätzungen eintragen, empfiehlt es sich, eine Datenbasis zu schaffen. Lassen Sie Ihre Mitarbeiter vier Wochen lang für jeden Arbeitstag ein eigenes Formular – den Tagesbogen, (s. Anhang, Abb. 5) – ausfüllen und genau dokumentieren, wie viele Vorgänge jeweils bearbeitet wurden und wie lange die Tätigkeit jeweils gedauert hat. Auf dieser Grundlage kann Ihr Mitarbeiter dann das gesamte Jahresaufkommen leichter abschätzen, sodass die TSA-Daten plausibler werden. Nur die Ergebnisse für das gesamte Jahresaufkommen tragen Sie schließlich in das TSA-Formular ein.

TSA-Tages-Bogen			Funktion		
Nr.	Tätigkeitsart	Geschäftsvorfall	Tätigkeit	Häufigkeit	Dauer

Auswertung der TSA

Haben Sie nach den vier Wochen alle anonymisierten Formulare zurückerhalten, überprüfen Sie alle Formulare auf ihre Plausibilität und Richtigkeit.

- Sind die Mengenangaben und Vorgangsdauern realistisch?
  Vergleich mit anderen Formularen, Zeitabschätzungen aus Wertstrom- und Prozessanalyse, Mengen aus Auftragsstrukturanalyse etc.
- Ergibt die Summe aller Zeitaufwände pro Jahr etwa die Jahresarbeitszeit?
  Ansatz = verfügbare Arbeitstage je Jahr x (Wochenarbeitszeit ⁒ 5)
- Sind alle Tätigkeiten richtig kategorisiert?
- Gibt es unklare, doppelte oder andere zu klärende Tätigkeiten?

Sortieren Sie alle Formulare aus, bei denen noch Rückfragen mit dem entsprechenden Mitarbeiter notwendig sind. Da nur die Vertrauensperson die Formulare zu ihren jeweiligen Erstellern zuordnen kann, heften Sie an jedes zu klärende Formular eine Notiz mit den entsprechenden Punkten. Geben Sie dann alle Formulare an die Vertrauensperson. Diese wird dann auf die entsprechenden Mitarbeiter zugehen und die offenen Punkte besprechen.

Sind alle Formulare plausibel, können Sie mit der Auswertung beginnen. Gehen Sie dazu funktionsbezogen vor.

Fassen Sie für jede Funktion die Daten aus den einzelnen Formularen zusammen. Versuchen Sie, die von den Mitarbeitern zusätzlich eingegebenen Tätigkeiten so zu standardisieren, dass sie untereinander vergleichbar sind. Auf diese Weise erhalten Sie einen Überblick über alle Tätigkeiten, die bei einer bestimmten Funktion anfallen.

Mit Hilfe einer Tabellenkalkulations-Software und einer Pivot-Tabelle können Sie nun auswerten, wie viele Vorgänge einer Tätigkeit in einem Jahr vorgefallen sind und wie lange diese im Durchschnitt gedauert haben.

Da die hier analysierten Tätigkeiten den Prozessschritten aus der Prozessanalyse entsprechen, können Sie auf bereits ermittelte Daten aus der Auftragsstrukturanalyse zurückgreifen. In der Auftragsstrukturanalyse haben Sie bereits ein Mengengerüst für die Gesamtprozesse ermittelt, sodass Sie die Daten aus der TSA nun damit verifizieren können.

So können Sie zum Beispiel die Daten aus der TSA mit den Mengengerüsten aus der Auftragsstrukturanalyse vergleichen und Unplausibilitäten aufklären. Auch die Schätzangaben der Bearbeitungszeiten aus der Prozessanalyse werden jetzt bestätigt oder müssen nochmals überprüft und gegebenenfalls korrigiert werden.

Tätigkeitsdaten zur Funktion Disponent bei der *Haus & Schloss AG*

Tätigkeitsart	Tätigkeit	Mittelwert – Zeitaufwand pro Vorgang (min.)	Summe – Anzahl Vorgänge pro Jahr	Summe – Zeitaufwand pro Jahr (min.)
K	Aufträge klären, rückfragen, recherchieren	13,7	15.647	214.364
K	Aufträge prüfen und abschließen	4,6	22.756	104.678
K	Aufträge verteilen	5,2	19.645	102.154
K	Auftragsannahme von Kunden bzw. GLT	5,6	5.976	33.466
K	Auftragsprüfung	2,4	19.645	47.148
K	Auftragüberwachung	3,1	22.756	70.544
K	Aufträge disponieren	7,8	19.645	153.231
K	Inspektions- und Wartungsfristen überarbeiten	4.920	16	78.720
K	Terminabsprachen durchführen	8,9	2.436	21.680
K	Dringende Störung annehmen und bearbeiten	12	3	36
N	Aktenablage	14,3	4.425	63.278
N	Betreuung Servicekräfte	14	3.625	50.750
N	Fortbildung	1.440	40	57.600
N	Rückfragen beantworten	14,5	10.878	157.731
N	Sitzungen (Kunden)	60	240	14.400
N	Datenpflege im System	120	120	14.400
N	Hilfestellung bei Systemproblemen	19,7	1.076	21.197
N	Abstimmungsgespräche mit Controlling	120	16	1.920
O	Allg. Bürotätigkeiten	45	3.986	179.370
O	Lesen und Bearbeiten von E-Mail und Post	60	4.028	241.680
O	Sonstige Sitzungen	240	1.027	246.480
				1.874.826

Beim zweiten Auswertungsschritt ermitteln Sie die Verteilung der Tätigkeiten auf die drei Haupt-Kategorien Kerntätigkeiten, Nebentätigkeiten und organisatorische Tätigkeiten. Dadurch erkennen Sie wie hoch der Anteil der einzelnen Tätigkeitsarten innerhalb der jeweiligen Funktion ist: Überwiegt der Anteil der wertschöpfenden Prozesse tatsächlich, so wie es sein sollte? Oder nehmen organisatorische Tätigkeiten zu viel Zeit in Anspruch?

Wenn Sie aufgrund dieses Ergebnisses Schwachstellen erkennen, helfen Ihnen die Detaildaten aus der TSA bei der Forschung nach den Ursachen:

Anhand der einzelnen Zeitaufwände, die für die verschiedenen Kern-, Neben- oder organisatorischen Tätigkeiten benötigt werden, und anhand ihres Beitrages zur Wertschöpfung können Sie ermitteln, in welchen Bereichen Ihre Mitarbeiter zu viel unnötige Zeit verbrauchen.

Die Analyse der Wertschöpfungsbeiträge verschärft nochmals die Sichtweise und macht deutlich, welche Potenziale in den sogenannten indirekten Bereichen schlummern.

Ein administrativer Prozess ist genauso gut zu organisieren wie ein Montageprozess in der fertigenden Industrie. Hier akzeptiert kein Betriebsleiter, wenn seine Mitarbeiter nur die Hälfte ihrer Zeit tatsächlich auf die Montage verwenden würden. Darum wird in jedem Werk dafür gesorgt, dass genügend Teile zur richtigen Zeit am richtigen Ort sind, dass jeder weiß, was er in welcher Zeit und in welcher Qualität zu montieren hat, wie die benötigten Maschinen funktionieren und wie kleine Störungen zu beheben sind. Dagegen ist es im administrativen Bereich keine Seltenheit, dass Mitarbeiter ohne Schulung mit neuen Programmen oder Prozessen umgehen müssen oder dass Informationen zur Weiterverarbeitung fehlen. Das sind die Ansätze zur Optimierung.

Mit den vorliegenden Daten können Sie für jede Funktion die Verteilung nach Tätigkeitskategorien erstellen und die Formulare nach Ursachen für eventuell niedrige wertschöpfende Anteile analysieren.

KNO-Bewertung für die Funktion Disponent bei der *Haus & Schloss AG*

Man erkennt, dass der Anteil der wertschöpfenden Kerntätigkeiten bei den Disponenten mit 45 Prozent deutlich zu niedrig ist, jedoch der Anteil der organisatorischen Tätigkeiten, also beispielsweise die nicht-prozessbezogene E-Mail- und Telefon-Kommunikation oder allgemeine Kopier- und Ablagetätigkeiten, mit fast 20 Prozent sehr hoch ist.

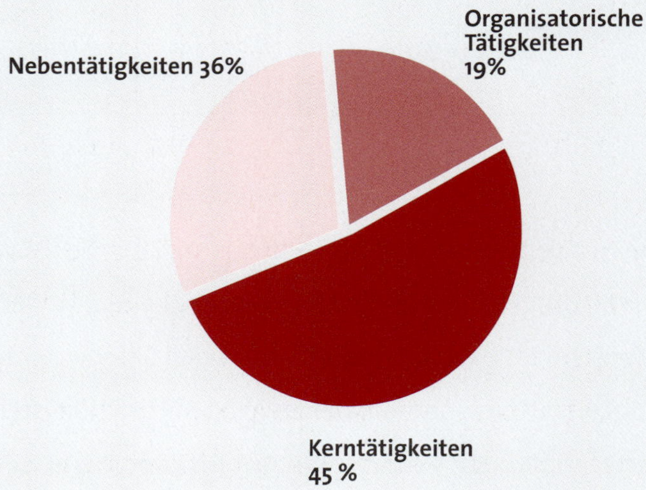

Das bedeutet, dass bei einem Acht-Stunden-Tag mehr als eineinhalb Stunden für solche Tätigkeiten – im wahrsten Sinne des Wortes – verschwendet werden. Eine genauere Untersuchung dieses Umstandes ist also zwingend notwendig.

Bei Betrachtung der einzelnen Aufwände für die Tätigkeiten fällt zudem auf, dass für eigene Klärungsaufwände und die Beantwortung von Rückfragen über 20 Prozent des gesamten Zeitaufwandes benötigt werden.

Auch diese Zeitanteile sind nicht wertschöpfend und zählen damit zur Verschwendung. Eine Verbesserung der Prozessqualität würde somit die Disponenten äußerst entlasten.

Optimierung der Kapazitätsauslastung

Aus der Tätigkeitsstrukturanalyse kennen Sie nun die Dauer der Einzeltätigkeiten in einer hinreichend genauen Schätzung und haben weitere Verbesserungsansätze zur Vermeidung von Verschwendung erhalten.

Mit Hilfe der gewonnenen Angaben zu den Prozessen, den Tätigkeiten und ihrer zeitlichen Einschätzung können Sie jetzt die organisationsbezogenen Mengenströme der Prozesse untersuchen und dadurch Rückschlüsse auf kumulierte Zeitaufwände, auf Kapazitäten und auf entsprechende Optimierungspotenziale ziehen.

Bisher haben Sie Ihre Produkte und Geschäftsvorfälle rein produktbezogen untersucht, indem Sie die Produkte und Geschäftsvorfälle und deren Mengen und Häufigkeiten erfasst, die Produktgruppen gebildet und sie nach Umsatz, Wichtigkeit und saisonalen Schwankungen sortiert und gruppiert haben. Im Unterschied dazu geht es jetzt darum, ein organisationsbezogenes Mengengerüst aufzubauen. Dabei sind fünf Fragen zu klären:

1.) Wie viele Haupt- und Teilprozesse treten in welchen Abteilungen, Bereichen und Funktionen auf?

Wenn Sie die Teilprozesse und Aufgaben aus der Tätigkeitsstrukturanalyse den jeweiligen Abteilungen zuordnen, erhalten Sie einen Überblick über den Aufgabenumfang der einzelnen Abteilungen, Bereiche und Funktionen. Schauen Sie sich die Aufstellung genau an, vermutlich werden Sie bereits Schwachstellen erkennen:

- Gibt es Überschneidungen, die abteilungs-, bereichs- und funktionsübergreifend sind und die Sie anhand der Bezeichnung der Teilprozesse und deren Tätigkeitsinhalte erkennen?
- Finden Sie Aufgaben und Prozesse, die gar nicht zu einer bestimmten Funktion gehören, doch aus Gewohnheit dort erledigt werden?

- Stimmen die Entscheidungsstrukturen in Ihrem Unternehmen oder Ihrer Abteilung?

Schwachstellen, die Sie jetzt identifizieren, können Sie durch die Einleitung von Sofortmaßnahmen beheben.

2.) Welche saisonalen Schwankungen liegen bei der Kapazitätsauslastung vor?
Untersucht man die Teilprozesse einer Organisationseinheit (Abteilung, Bereich, Funktion), kann man Teilprozesse mit ähnlicher Struktur clustern und zu Teilprozessgruppen zusammenfassen.

Danach unterzieht man jede Organisationseinheit einer XYZ-Analyse, wie auf S. 61 beschrieben. Während es dort jedoch um die Betrachtung der einzelnen Produkte ging, steht jetzt die Organisation im Fokus. Aus der Häufigkeitsverteilung der einzelnen Teilprozesse je Organisationseinheit lässt sich erkennen, welcher Bereich zum Beispiel von saisonalen Belastungsprofilen beeinflusst wird. Eventuell können Sie notwendige Kapazitätsabgleiche sofort veranlassen.

3.) Welche Engpässe treten nach zeitlicher Bewertung wo und an welcher Stelle auf?
Um Minderbelastungen und Engpässe zu identifizieren, schauen Sie sich die zeitliche Belastung Ihrer Mitarbeiter durch einzelne Teilprozesse genauer an. Dazu bilden Sie die Summe aller Zeitaufwände für die Tätigkeiten innerhalb eines Teilprozesses und multiplizieren sie mit der Häufigkeit, mit der der Prozess vorkommt. Das Ergebnis gibt Ihnen Hinweise auf den Kapazitätsbedarf der einzelnen Funktionen.

Wenn Sie Engpässe feststellen, sollten Sie bei deren Analyse dringend die Qualifikationsanforderungen der Tätigkeiten für diese Teilprozesse beachten und erst auf dieser Basis Kapazitätsausgleichsmaßnahmen schaffen.

Untersuchen Sie dazu auf der Tätigkeitsebene, welche Tätigkeiten eine bestimmte Qualifikation tatsächlich benötigen und welche Tätigkeiten eher vorbereitender oder nachbereitender Natur sind, für die die hohen Qualifikationsansprüche nicht unbedingt erforderlich sind.

Erspart man zum Beispiel einem Auftragsmanager die lästigen Ablagen und Recherchen von Aufträgen und beschränkt ihn nur darauf, Aufträge zu bearbeiten und Kundengespräche zu führen, so steigert man damit die Leistung und kann so eventuell den Engpass beheben.

4.) Welche organisationsbezogenen Informationsflüsse lassen sich identifizieren?

Mit den identifizierten Schlüsselprozessen können Sie das Organisationsflussdiagramm (Abb. unten) ausfüllen. Tragen Sie dazu die Wege dieser Geschäftsvorfälle in die Tabelle ein, daraus können Sie vermutlich weitere Schwachstellen erkennen, die bisher verborgen in der Organisation steckten: Komplexitäten, künstliche Befehlsstrukturen, offizielle und inoffizielle Informationsströme und geplantes und ungeplantes Führungsverhalten.

Durch diese neue Transparenz lassen sich völlig neue Erkenntnisse ziehen, bisher nicht erkannte Schwachstellen aufdecken, Engpässe und freie Kapazitäten ermitteln und qualitative Probleme identifizieren. Hieraus erwächst ein Maßnahmenplan mit Sofortmaßnahmen, die kurzfristig umgesetzt werden können.

Organisationsflussanalyse																		
1. Ebene Leitung	**Technische Geschäftsführung**																	
2. Ebene Abteilung	**Technische Leitung**						**Niederlassung Nord**											
3. Ebene Bereich	**Kalkulation Vertrieb**			**Technische Auftrags-abwicklung**			**Verwaltung techn. Service**			**Disposition**			**Stützpunkte**					
4. Ebene Funktionen	Kalkulation	Kundenbetreuung	Marketing	Auftragsmanagmnt.	Archiv	Qualitätssicherung	Koordination	Ingenieurbüro	Entwicklung	Disponenten	Materialdisponenten	Systemtechnik	Hausmeister	Servicekräfte	Stützpunktleiter			
Mitarbeiter																		

Entdeckung bei der *Haus & Schloss AG*

Bei der *Haus & Schloss AG* wurde entdeckt, dass sich die IT-Abteilung zur "ohne uns geht gar nichts"-Abteilung gemausert hatte und das Controlling nicht mit Controlling, sondern mit Kontrolle beschäftigt war. Diese Fehlentwicklungen waren vorher nicht zu erkennen, da der Gemeinkostenbereich keinen Einblick und keine Qualitätskontrolle zuließ.

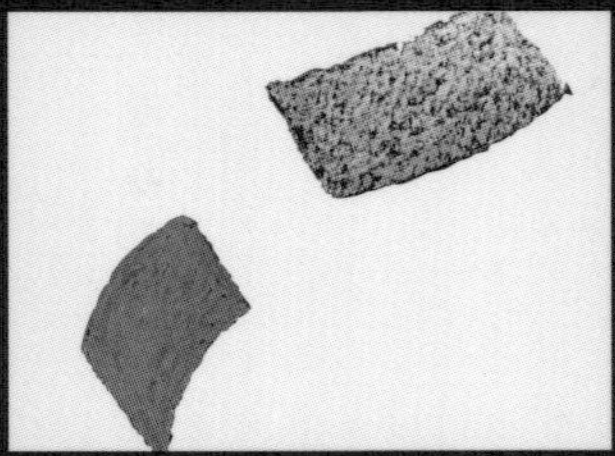

Analyse-Schritt 5: Informationsstruktur-analyse (ISA)

Wie transparent sind Ihre Informations- und Kommunikationswege?

- Durchführung der Informationsstrukturanalyse
- Auswertung

Analyse-Schritt 5:

Informationsstrukturanalyse (ISA): Wie transparent sind Ihre Informations- und Kommunikationswege?

Wer kennt sie nicht, die oftmals auftauchende Frage "Sag mal, kannst Du mir sagen, wo ich das aktuelle Formular XY finde?" Und wer hat nicht schon des öfteren die unbefriedigende Erfahrung machen müssen, dass Kollegen auf solche Fragen mit "Hm, keine Ahnung! Frag doch mal Herrn Sowieso, vielleicht kann er Dir weiterhelfen!" antworten?

Die alltägliche Suche nach Informationen quer durch eine Organisation beginnt! Welche Information fehlt mir eigentlich genau? Wer könnte diese haben? Oder wer könnte zumindest wissen, wer diese haben könnte? Fragen über Fragen, deren Klärung oftmals schier endlos viel Zeit kostet!

Auf der anderen Seite versinken wir tagtäglich geradezu in Informationen, die wir gar nicht für unsere Arbeit benötigen – und die wir in Folge dessen vielleicht auch gar nicht haben wollen. Eine Informationsflut schwappt ständig über uns hinweg und wir benötigen einiges an Zeit und Mühe, uns darüber einen Überblick zu verschaffen und das Wichtige vom Unwichtigen zu trennen. Zeit, die uns oft an anderer Stelle fehlt!

Informationsunter- und -überdeckung zählen somit zu den wesentlichen Zeitfressern in vielen Unternehmen! Auf der einen Seite scheint man ständig auf der Suche nach fehlenden Informationen zu sein, und andererseits hat man an manchen Tagen das Gefühl, von Informationen nahezu überschwemmt zu werden. Denn leider funktioniert das Matching zwischen Informationsbedarf und Informationsangebot vielfach nur unzureichend: man bleibt auf der Suche nach einer benötigten Information, während man zugleich viele der vorhandenen Informationen getrost ignorieren kann!

Um dieses Matching zwischen Informationsangebot und -bedarf zukünftig zu verbessern und somit die Zeit für die Informationssuche in produktive Arbeitszeit umzuwandeln, ist eine genaue Analyse des Informationsbedarfs und –angebotes unabdingbar.

Die dazu notwendige Transparenz entsteht mit Hilfe der Informations-Struktur-Analyse (ISA). Sie untersucht folgende Fragen:

- Wer stellt welche Information bereit?

- Wer bekommt diese Information?
- ... und wer bräuchte sie eigentlich?

Durchführung der Informationsstrukturanalyse

Ziel der Informationsstrukturanalyse ist es, einen Überblick darüber zu gewinnen, welche Informationen durch welche Funktion/ Organisationseinheit bereitgestellt werden und wer dann auf diese Information Zugriff hat bzw. diese bekommt.

Um dies möglichst systematisch erfassen und auswerten zu können, werden die im Rahmen der Analyse gesammelten Daten in einem Formular erfasst (vgl. Abb. unten sowie die Formularvorlage im Anhang).

Im ersten Schritt werden dabei alle wesentlichen Informationsinhalte gesammelt und vertikal in die linke Spalte des Formulars eingetragen. Horizontal werden alle Organisationseinheiten des Unternehmens abgebildet. Bewerten Sie nun der Reihe nach, wer die einzelne Information erstellt bzw. erhält oder wo ungedeckter Informationsbedarf besteht. Füllen Sie dabei das Raster mit Hilfe der nachfolgenden Symbolik aus. Damit erhalten Sie ein transparentes Bild darüber, an welchen Stellen in Ihrem Unternehmen Informationsüber- und -unterdeckung auftritt.

Darüber hinaus können Sie auf dem ISA-Formular zusätzlich angeben, in wel-

Das ISA-Formular der *Haus & Schloss AG*

Informations-lieferung / -bedarf	Abteilungen						
	Auftrags-management	Disposition	Hausmeister	Serviceteam	Lieferanten	Geschäfts-führung	ReWe / Controlling
Materialbestellung				●	☾		○
Einsatzplanung der Serviceteams	○	●		☾			
Urlaubsplanung	○	☾		●			

● erstellt die Information
☾ erhält diese Information
○ Informationsbedarf

Bei der *Haus & Schloss AG* wurde die Informationsstrukturanalyse für verschiedene Bereiche durchgeführt (vgl. Abb. S. 116). Informationsunterdeckung zeigte sich beispielsweise beim Rechnungswesen. Denn die Serviceteams melden ihre Materialbestellungen direkt an die vertraglich gebundenen Materiallieferanten – ohne davon das Rechnungswesen in Kenntnis zu setzen, das dann bei Rechnungseingang/ Warenabruf durch den Lieferanten stets Rücksprache mit dem zuständigen Servicemitarbeiter halten muss – ein unnötiger Rückfrageaufwand.

cher Form die Informationen weitergegeben werden (E-Mail, IT-System, papiergebunden etc.) und wie häufig dieser Informationsaustausch in der Regel stattfindet (täglich, wöchentlich, einmal pro Quartal etc.).

Auswertung der ISA

Diese systematische Aufnahme von Informationsbedarf und -angebot ist sicherlich ein wenig zeitaufwändig – jedoch eine wichtige Voraussetzung, um die Ursachen für die täglichen Informationslücken und -fluten zu identifizieren. Auf Basis dieser Aufnahme können Sie folgende Fragen beantworten:

- Welche Informationen fehlen in welchen Bereichen?
- Ist dieser empfundene Informationsbedarf wirklich für diese Funktion nötig? Oder "fühlt" sich jemand zu wenig informiert, obwohl ihm tatsächlich alle Informationen zur Verfügung stehen, die er benötigt?
- Welche Informationen werden überflüssigerweise an den falschen Adressatenkreis weitergeleitet?
- Ist die Frequenz des Informationsaustausches zielführend? Oder werden Informationen zu selten oder zu häufig ausgetauscht? In welchem Verhältnis steht die Frequenz des Informationsaustausches zu der Zeit, die jemand benötigt, um diese Informationen auch zu verarbeiten? Werden z.B. ständig Aktualisierungen einer Arbeitsdatei versendet, obwohl ein Versand des aktuellen Standes am Tagesende vollkommen ausreichen würde?
- Treten häufige Medienbrüche in der Kommunikation auf oder sind zu viele verschiedene Kommunikationsmedien im Einsatz?

Anhand dieser Fragen können Sie gezielt die Ursachen von Informationsüber- und -unterdeckung in Ihrem Unternehmen ermitteln und dann wirkungsvolle Maßnahmen einleiten, um die Situation zukünftig zu verbessern.

Praxis-Tipp

Die ISA bedarfsgerecht einsetzen!

Die ISA kann auch eingesetzt werden, um herauszufinden, welche Informationen in Ihrem Unternehmen doppelt erfasst werden – und ob Sie vielleicht zusätzliche Informationen brauchen, die aber bisher gar nicht erfasst werden.

Dazu tragen Sie vertikal in dem ISA-Formular wieder alle wesentlichen Informationsinhalte ein; horizontal allerdings nicht die Organisationseinheiten, sondern die Informationsquellen, die bei Ihnen üblicherweise zum Einsatz kommen (z.B. Bestellschein, Auftrag des Kunden, Kundendatenblatt, Stammdatenpflege in SAP o.ä.).

Welche Information taucht nun in welcher Quelle auf? Durch einfaches Setzen von Kreuzchen im Formular können Sie schnell erkennen, welche Informationen bei Ihnen doppelt, drei- oder gar vierfach erfasst werden. Wenn Sie die möglichen Informationsquellen ein- und derselben Information reduzieren, vermeiden Sie nicht nur Fehlerquellen, sondern tragen auch ganz wesentlich zur Transparenz und somit einem schnelleren Überblick über die vorhandenen Informationen bei!

Der Aufwand für die ISA lohnt sich – denn die Zeit, die wir mit Suchen und Sortieren zubringen, lässt sich nahezu 1:1 in produktive Arbeitszeit umwandeln, wenn wir alle notwendigen Informationen zur richtigen Zeit an unseren Arbeitsplatz bekommen, unnötige dagegen uns gar nicht erst erreichen! Ziel ist es, eine Information einmal aufzunehmen und just-in-time an die Stellen weiterzuleiten, die sie für die weitere Bearbeitung benötigen.

Analyse-Schritt 6: Sofortmaßnahmen

Welche Möglichkeiten gibt es für schnelle Erfolge?

- Systematisch nach Verbesserungsmaßnahmen suchen
- Der Maßnahmenplan

Analyse-Schritt 6:

Sofortmaßnahmen: Welche Möglichkeiten gibt es für schnelle Erfolge?

Während der gesamten Analysephase haben Sie bei Ihren Schlüsselprozessen immer wieder Schwachstellen aufgedeckt. Wenn Sie bei diesen Schwachstellen mit der Optimierung ansetzen, werden Sie den höchsten Wirkungsgrad erzielen. Denn dort wo die Verschwendung so offenkundig vor Ihnen liegt, wird sie auch entsprechend groß sein.

Systematisch nach Verbesserungsmaßnahmen suchen

Nun sollten Sie sich die identifizierten Schwachstellen systematisch vornehmen und nach geeigneten Verbesserungsmaßnahmen suchen – natürlich zusammen mit Ihren Mitarbeitern!

Denn Ihre Mitarbeiter kennen die Abläufe und Strukturen im Unternehmen bestens und werden gute Ideen bei der Suche nach Verbesserungsmaßnahmen entwickeln. Außerdem werden Sie die Veränderungen eher akzeptieren, wenn sie die Ideen dafür selbst entwickelt haben. Binden Sie daher Ihre Mitarbeiter unbedingt aktiv in den Optimierungsprozess ein.

In jedem Unternehmensbereich gibt es spezifische Probleme. Bilden Sie daher themenspezifischen Arbeitsgruppen mit Mitarbeitern (maximal 5–7 Teilnehmer), die sich im jeweiligen Unternehmensbereich gut auskennen. Diese Arbeitsgruppen, bei denen Sie nicht unbedingt selbst anwesend sein müssen, sollen dabei keinesfalls lange nach Ursachen oder gar Schuldigen der Verschwendung suchen. Eine rückschauende Betrachtung dieser Art hilft überhaupt nicht. Es interessiert nicht, warum etwas in der Vergangenheit falsch gelaufen ist. Die Frage, um die es geht, heißt: Wie können wir es in Zukunft besser machen? Dafür muss man natürlich die Ursachen kennen, aber nur um daraus Lösungsansätze abzuleiten.

Geben Sie als Ziel des ersten Schrittes vor, den Anteil der wertschöpfenden Kerntätigkeiten zu steigern. Dafür sollen die Arbeitsgruppen gemeinsam die entsprechenden Maßnahmen entwickeln.

Praxis-Tipp:

Schaffen Sie strenge Regeln für diesen Schritt

Hängen Sie an den Wänden im Workshop-Raum die Regeln für die Diskussion auf und lassen Sie sich von Ihrer Vorgehensweise nicht abbringen, wenn Gegenargumente kommen. Erinnern Sie immer wieder daran, dass Sie die 80 Prozent der Normalfälle regeln wollen und nicht die 20 Prozent der Ausnahmen.

7 Sätze, die nicht in diesen Raum gehören

1. Das haben wir doch immer schon so gemacht.
2. Das geht nicht.
3. Das hat schon letztes Mal nicht funktioniert.
4. Ich habe ja schon vorher gesagt, dass das nicht funktionieren kann.
5. Das ist mir egal.
6. Das geht mich nichts an.
7. Erstmal abwarten und Tee trinken.

8 wichtige Spielregeln in diesem Raum zum Reden und Zuhören

1. Jeder darf ausreden.
2. Nur eine Person redet.
3. Alle anderen hören der/dem Redenden aufmerksam zu.
4. Alle Probleme dürfen angesprochen werden – es gibt keine Tabuthemen.
5. Es darf keine Schuldigen geben.
6. Kritik nur in der Sache, nie an der Person üben.
7. Es gibt keine dummen Fragen – aber: Wer schlecht vorbereitet ist, stiehlt anderen die Zeit.
8. Fasse Dich kurz und bleibe beim Thema.

Sie werden feststellen, dass jede Arbeitsgruppe schnell viele mögliche Verbesserungsmaßnahmen finden wird. Allerdings ist es in der Regel nicht möglich, alle Vorschläge sofort umzusetzen. Maßnahmen mit größerem Umsetzungsaufwand sollten Sie deswegen erst mal zurückstellen – ohne sie zu vergessen! Doch jetzt geht es um Maßnahmen, die sofort realisiert werden können: Zum Beispiel die Überarbeitung eines Formulars für Kundenanfragen, um ständige

Rückfragen zu sparen, oder die Anschaffung von Head-Sets für den Telefondienst, um Anfragen ungestört und konzentriert beantworten zu können.

Praxis-Tipp

Sofortmaßnahmen auch sofort umsetzen -> Quick Wins!

Wenn Sie diese Sofortmaßnahmen tatsächlich sofort umzusetzen, werden Sie auf frisch motivierte Kollegen und Mitarbeiter blicken. Nichts motiviert besser als der Erfolg. "Quick Wins" geben die Energie, sich weiterhin an der Geschäftsprozessoptimierung zu beteiligen, selbst wenn es mancherorts etwas mühselig sein sollte.

Der Maßnahmenplan

Aus den verschiedenen Analysestufen haben Sie vermutlich inzwischen verschiedene Maßnahmenpläne angesammelt.

Überprüfen Sie, dass keine Dopplungen enthalten sind, jede Maßnahme einen Verantwortlichen hat, der sich auch verantwortlich fühlt, und eine Frist für die Erledigung definiert ist. Bedenken Sie: Für das Controlling sind Sie mit Ihrem Projektteam verantwortlich!

Wichtig ist, dass kein Verbesserungsvorschlag verloren geht und dass die Umsetzung systematisch und nachvollziehbar erfolgt. Erfassen Sie daher alle Maßnahmen in einem Maßnahmenplan, damit diese bei der weiteren Bearbeitung und Umsetzung überwacht werden können. Dabei kann Ihnen das auf der folgenden Seiten abgedruckte Formular helfen, das Sie in dieser Form am besten in Ihrer Tabellenkalkulations-Software aufnehmen, um es mit geeigneten Filtern später besser nutzen zu können.

Praxis-Tipp:

So nutzen Sie das Maßnahmen-Formular!

- Vergeben Sie eine fortlaufende Index-Nummer für jede Maßnahme, das erleichtert Ihnen und Ihren Mitarbeitern die Arbeit mit dem Plan. Empfehlenswert ist dabei die Darstellung XX.YY.ZZ. Dabei steht XX für das Themengebiet, YY für die laufende Maßnahme und ZZ für eine weitere Untergliederung der Maßnahme in Teilschritte oder Varianten.
- Ordnen Sie die Maßnahme dem betroffenen Themengebiet zu. Dies kann zum Beispiel die Fokussierung auf eine Abteilung sein (Verbesserung der Callcenter-Erreichbarkeit), oder auf ein spezielles Optimierungsgebiet (z.B. Ablaufoptimierung im Beschwerdemanagement).

Maßnahmenplan

Pos	Themengebiet	Bereich	Maßnahme	Workshop/ Protokoll	Verantwortlich	Termin			Erfüllung				Bemerkung	ABC-Prio
						SOLL	fertig	Status	25%	50%	75%	100%		

- Eventuell können Sie die Maßnahmen mit einer Angabe zu ihrem Bereich noch weiter örtlich oder funktional spezifizieren, wenn z.B. eine Maßnahme durch zwei verschiedene Verantwortliche in zwei verschiedenen Bereichen durchgeführt werden soll.
- Beschreiben Sie die Maßnahme stichwortartig, um den Vorschlag festzuhalten.
- Dokumentieren Sie Datum und Titel des Workshops/Protokolls, in dem diese Maßnahme erfasst und angestoßen wurde, um die Entstehung verfolgen zu können.
- Ordnen Sie jeder Maßnahme eine Person zu, die sie verantwortlich durchführt oder ihre Durchführung steuert. Erfassen Sie keine Maßnahmen ohne zuständigen Verantwortlichen.
- Legen Sie gleich einen geplanten Fertigstellungstermin (SOLL) der Maßnahme mit Datum fest, um die Umsetzung zu steuern.
- Dokumentieren Sie später auch das tatsächliche Fertigstellungsdatum. Sie können diesen Eintrag über ein Makro steuern, das das Tagesdatum automatisch einträgt, sobald der Erfüllungsgrad hundert Prozent erreicht hat. Auch Verspätungen sollten Sie dokumentieren, um den notwendigen Druck zu erzeugen. Das Ausrufezeichen in der Spalte Status kann durch ein Makro automatisch eingetragen werden, sodass Sie immer filtern können, welche Maßnahmen in Verzug sind.
- Die Umsetzung der einzelnen Maßnahme können Sie über Einträge in den vier Spalten für den Erfüllungsgrad dokumentieren. Hier können Sie mit X den Fortschrittsgrad kennzeichnen, mit O eine verworfene Maßnahme oder mit F eine zyklische oder fortlaufende Maßnahme im 100%-Feld ein.
- Bemerkungen zu der Maßnahme können später wertvolle Hilfen sein.
- Wenn Sie entsprechend der Dringlichkeit und Wichtigkeit eine Priorität im ABC-Prio-Feld vergeben, wird die Reihenfolge der Umsetzung klar vorgegeben, außerdem können Sie damit schnell alle Maßnahmen einer bestimmten Wichtigkeit herausfiltern.

Mit diesem Maßnahmenplan steuern Sie im weiteren Verlauf die Umsetzung der Maßnahmen. Rufen Sie die Arbeitsgruppen regelmäßig zusammen, um neue Aspekte und aktuelle Arbeitsstände abzugleichen. Mit den Arbeitsgruppen können Sie auch eine Projektorganisation bilden, die die Umsetzung aller Maßnahmen und sonstigen Aktivitäten innerhalb dieses Verbesserungsprojektes steuert und koordiniert. Zur Qualitätsverbesserung stehen Ihnen verschiedene systematische Werkzeuge zur Verfügung, wie Total Quality Management, Statistische Prozesskontrolle, Fehler-Möglichkeiten-Einfluss-Analyse u.a. Informationen zu diesen Tools finden Sie in der Fachliteratur.

Analyse-Schritt 7:

Kostenstrukturanalyse: Welche Kosten fallen an?

In den produzierenden Bereichen liegen für jedes Produkt genaue Kalkulationen vor. Dazu sind alle direkt zurechenbaren Kosten der jeweiligen Ressourcenverbräuche an Mensch, Maschinen und Material durch Betriebs- und Maschinendatenerfassung zum Teil sekundengenau bekannt und hinterlegt. Nur so kann ein Industrie-Unternehmen entscheiden, zu welchem Preis es sein Produkt auf den Markt bringen muss, um rentabel zu arbeiten.

Bei Verwaltungsaufgaben ist das die Ausnahme. Wer weiß schon, was die Genehmigung oder Ablehnung eines Bauantrages eigentlich kostet? Oder welche Kosten ein Urlaubsantrag verursacht?

Der große Block der Verwaltungsausgaben wird als Black Box gehandhabt und mit Hilfe von meistens eher groben Umlageschlüsseln auf die Produkte umgelegt. Fälle, in denen dieser Prozentsatz die Hundert-Prozent-Marke überschreitet, sind keine Seltenheit. Aber auch in reinen Dienstleistungsunternehmen sind die tatsächlichen Verwaltungskosten kaum bekannt.

Diese tatsächlichen Kosten stehen im Fokus des letzten Analyseschritts.

Neue Transparenz durch die Kostenstrukturanalyse

Alle bisherigen Analyseschritte haben Ihnen eine Vielzahl an Daten zu Strukturen, Mengen, Prozessen und Tätigkeiten Ihres Unternehmens geliefert.

Aus der Organisationsanalyse (siehe Grafik auf der folgenden Seite) haben Sie zunächst Daten über Strukturen, Funktionen und Produkte erhalten. In der Auftragsstrukturanalyse wurden die Produktdaten priorisiert. Mit der Wertstrom- und Prozessanalyse wurden die identifizierten Schlüssel-Geschäftsvorfälle genauer betrachtet. Und mit Hilfe der Tätigkeitsstrukturanalyse schließlich haben Sie die für die Schlüssel-Geschäftsvorfälle benötigten Funktionen und Tätigkeiten Ihres Unternehmens untersucht und bewertet.

Jetzt kommt der Kostenaspekt hinzu. Mit Hilfe der Kostenstrukturanalyse stellen Sie all diese Daten in einen direkten Zusammenhang zueinander und führen eine kostenmäßige Bewertung durch.

Dazu greifen Sie zurück auf:

- die ermittelten Mengen aus der Auftragsstrukturanalyse,

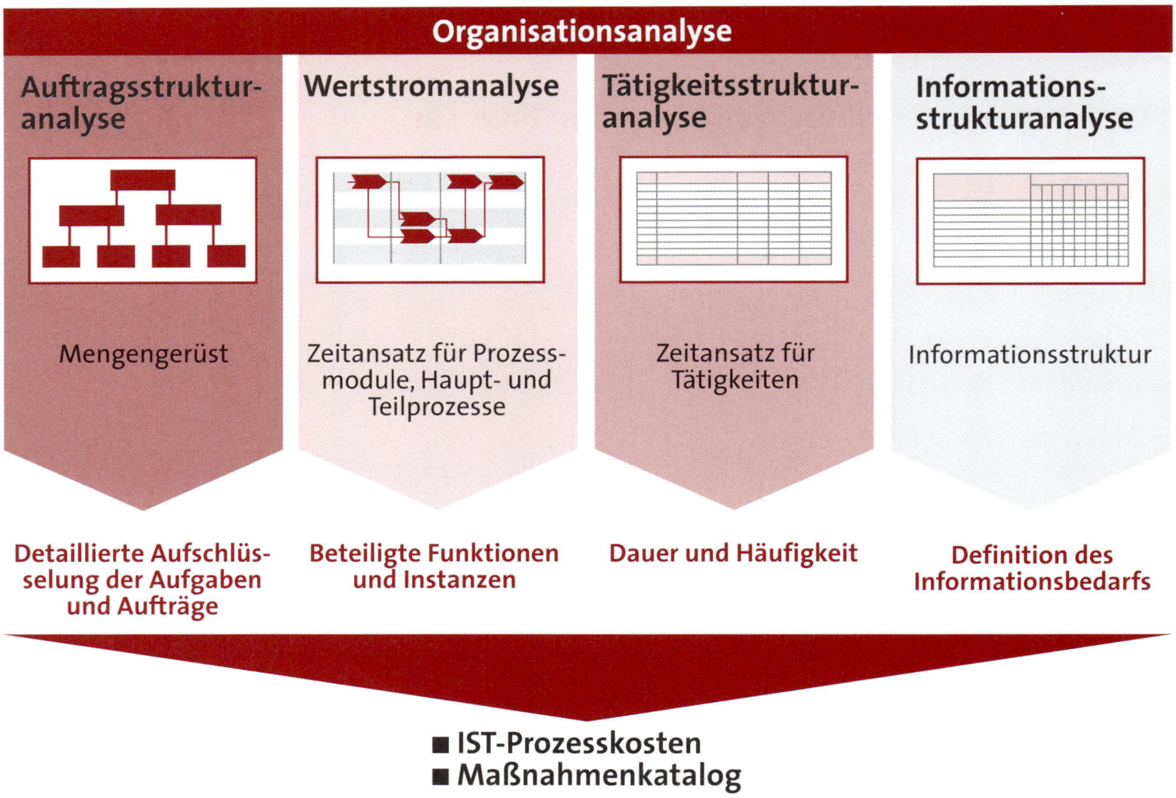

- die detaillierten Abläufe aus der Wertstrom- und Prozessanalyse und
- die dokumentierten Zeitansätze aus der Tätigkeitsstrukturanalyse.

Die Kostenstrukturanalyse basiert auf einer Prozesskostenrechung. Bei der Prozesskostenrechung werden die Kosten nicht, wie üblich, zuschlagsbezogen ermittelt, sondern verursachungsgerecht über die Stundensätze. Dadurch entsteht häufig ein völlig anderes Ergebnis. Vergleichen Sie anhand der folgenden Grafik die Vorgehensweise bei den verschiedenen Kostenermittlungsmethoden.

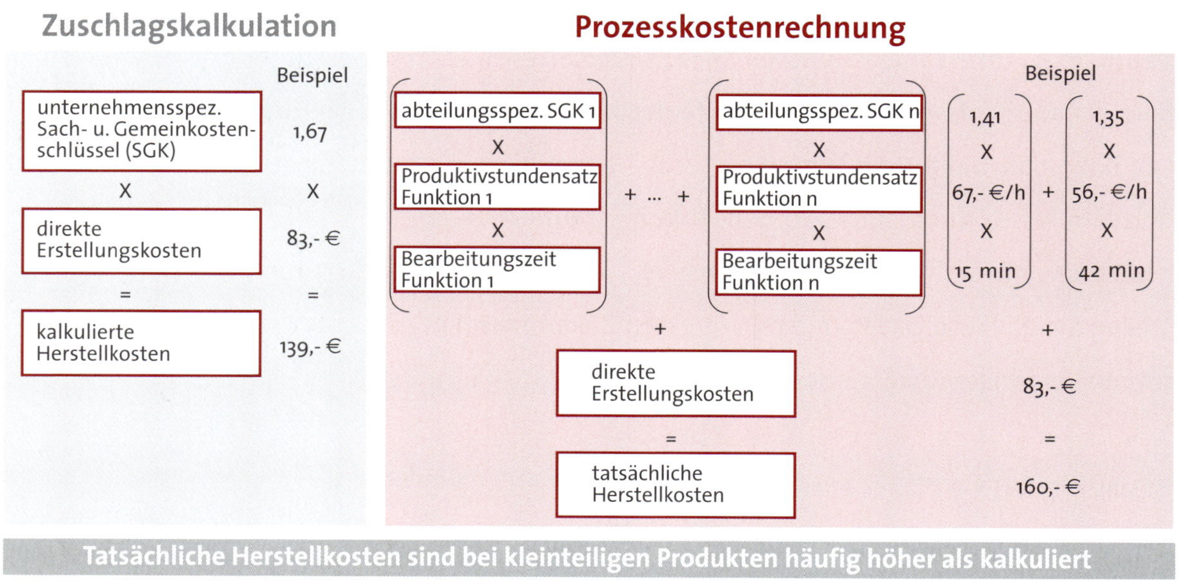

Analyse-Schritt 7: Kostenstrukturanalyse

Welche Kosten fallen an?

- Neue Transparenz durch die Kostenstrukturanalyse
- Produktivstundensätze berechnen
- Prozesskosten errechnen
- Verrichtungszeiten addieren
- Bewertung der Prozesskosten

Produktivstundensätze berechnen

Für die Prozesskostenberechnung benötigen Sie zunächst die Stundenverrechnungssätze, die Sie im Rahmen der Unternehmensstrukturanalyse (vgl. S. 43) ermittelt haben. Sie enthalten bereits die IT-Kosten und Sachkosten je Arbeitsplatz.

Um nur die tatsächlich produktive Arbeitszeit in die Kalkulation einzuberechnen, wird mit dem Produktivstundensatz weitergerechnet. Dazu wandeln Sie Ihre ermittelten Stundenverrechnungssätze in Produktivstundensätze um. Grundlage dafür sind die Angaben zur Tätigkeitsverteilung, die Sie aus der Tätigkeitsstrukturanalyse (vgl. S. 108 ff) gewonnen haben.

In den Produktivstundensatz fließt der Aufwand für Kern- und Nebentätigkeiten einer Funktion ein, nicht berücksichtigt werden die organisatorischen Tätigkeiten.

Den jeweiligen Produktivstundensatz erhalten Sie, indem Sie den eigentlichen Stundenverrechnungssatz durch die prozentuale Summe aus Kern- und Nebentätigkeiten teilen.

Sie erhalten zum Beispiel den Produktivstundensatz einer Funktion Ihres Unternehmens, die sich zu 40 Prozent mit organisatorischen Tätigkeiten befasst und nur zu 60 Prozent mit produktiven Aufgaben, indem Sie den nominellen Stundensatz durch 0,6 dividieren. Denn nur durch diesen Produktivstundensatz kann sich die Funktion – bei voller Auslastung der 60 Prozent – selbst decken.

Daran erkennen Sie erneut, wie wichtig es für die Produktivität Ihres Unternehmens ist, die organisatorischen Tätigkeiten so weit wie möglich zu reduzieren.

Sammeln Sie die notwendigen Angaben für die Berechnung aller Produktivstundensätze für Ihre Funktionen in einer übersichtlichen Tabelle.

Produktivstundensätze bei der *Haus & Schloss AG*

Produktivstundensätze für drei Funktionen jeweils mit allen Sach- und Gemeinkostenaufschlägen:

Stelle/Funktion	Stundensatz	Anteil Kerntätigkeiten (TSA)	Anteil Nebentätigkeiten (TSA)	Summe Produktivanteil	Produktivstundensatz
Disponent	63,20 €	45%	19%	64%	98,75 €
Auftragsmanager	65,80 €	56%	22%	78%	84,36 €
Hausmeister	55,20 €	35%	35%	70%	78,86 €
Servicekraft	44,80 €	65%	25%	90%	49,78 €

Die Disponenten der Haus & Schloss AG werden mit einem Stundensatz von 63,20 € (bereits inklusive aller Sach- und Gemeinkosten) kalkuliert. Die Tätigkeitsstrukturanalyse hat hier einen Produktivanteil aus Kern- und Nebentätigkeiten von 64% ergeben. Der Produktivstundensatz beträgt demnach 63,20 € ./. 0,64 = 98,75 €.

Prozesskosten errechnen

Im nächsten Schritt können Sie nun die tatsächlichen Prozesskosten für jede einzelne Tätigkeit berechnen. Dazu tragen Sie für jeden Geschäftsvorfall folgende Angaben und Werte zusammen:

- **Tätigkeit / Prozessschritt**

  Die Angaben zu Tätigkeit / Prozessschritt, Funktion und Kurzzeichen können Sie aus der TSA und der Prozess- bzw. Wertstromanalyse übernehmen.

- **Funktion**

  Auch diese Angaben zu Funktion und Kurzzeichen können Sie aus der TSA und der Prozess- bzw. Wertstromanalyse übernehmen.

- **Dauer (in Min)**

  Die Dauer beschreiben Sie mit dem in der TSA ermittelten Zeitansatz für diese Tätigkeit bzw. die Summe der Einzeltätigkeitszeiten für einen Prozessschritt.

- **Wahrscheinlichkeit (in Prozent)**

  Bei verzweigten Prozessen geben Sie jeweils für diese Tätigkeiten die Wahrscheinlichkeit an, mit der die Tätigkeiten in der jeweiligen Verzweigung vorkommen. Den Wert haben Sie in der Auftragsstrukturanalyse ermittelt.

- **Produktivstundensatz (€/h)**
  Den Produktivstundensatz übernehmen Sie aus der zuvor ermittelten Aufstellung.
- **Tätigkeitskosten (€)**
  Die Tätigkeitskosten ermitteln Sie aus dem Produkt von Dauer multipliziert mit der Wahrscheinlichkeit und dem Produktivstundensatz.

Für eine bessere Übersicht über die Entstehung der einzelnen Prozesskosten ist es günstig, die Daten für jeden Teilprozess in einer eigenen Tabelle zu sammeln. Aus den einzelnen Werten können Sie dann für alle Geschäftsvorfälle die tatsächlichen Prozesskosten und damit auch die Kosten Ihrer Hauptprozesse ermitteln.

Summieren Sie sämtliche Tätigkeitskosten. Die Gesamtsumme sind dann die tatsächlichen Prozesskosten.

Verrichtungszeiten addieren

Allerdings wurden bisher lediglich die internen Tätigkeiten berechnet. Bei Prozessen mit externen Servicetätigkeiten kommen zu den Tätigkeitskosten noch die Kosten für die so genannten "Verrichtungszeiten" hinzu. So nennt man Zeiten für An- und Abfahrt oder für technische Arbeiten. Die Verrichtungszeit ist in der Regel variabel und wird daher als Formel angegeben:

Verrichtungszeit x Stundensatz

Die Prozesskosten (P) setzen sich demnach aus der Summe der internen Tätigkeitskosten (Tk) + den Kosten für die Verrichtungszeit (Vz) zusammen. Als Formel sieht das dann so aus

$$P = \sum Tk + (Vz \times \text{Stundensatz})$$

Verrichtungszeit bei der *Haus & Schloss AG*

Verrichtungszeit für den Teilprozess "Durchführung technischer Instandsetzung in Eigenleistung":

Bei der Berechnung der Leistung "Durchführung technischer Instandsetzung in Eigenleistung" muss die Verrichtungszeit noch ergänzt werden. Da An- und Abfahrt sowie die technische Durchführung durch den Servicetechniker variabel sind, werden sie als Formel mit dem entsprechenden Stundensatz ausgedrückt. Die komplette Kostenaufstellung für die Leistung sieht dann folgendermaßen aus:

Durchführung technischer Instandsetzung in Eigenleistung:

Prozesskosten = 115,98 € + (Verrichtungszeit x 49,78 €)

Bewertung der Prozesskosten

Wenn Sie diese Daten gesammelt und die jeweiligen Kosten berechnet haben, dann haben Sie jetzt einen genauen Überblick über Ihre tatsächlichen Prozesskosten.

Nun können Sie an die Bewertung gehen:

- Sind die tatsächlichen Prozesskosten durch Ihre bisherige Kalkulation gedeckt?

Prozesskosten bei der *Haus & Schloss AG*

Prozesskosten für den Teilprozess "Durchführung technischer Instandsetzung in Eigenleistung" (siehe Grafik auf der gegenüberliegenden Seite).

Bei näherer Betrachtung fiel der hohe Anteil an Klärungsvorgängen auf: Die dafür anfallenden Prozesskosten in Höhe von 36,85 € entsprachen etwa einem Drittel der Kosten! Außerdem war der hohe Stundensatz der Disponenten auffällig, der durch einen insgesamt niedrigen Produktivanteil bedingt wurde. Beide Faktoren wirkten sich negativ auf die Prozesskosten aus. Damit waren zwei Hauptansätze für die Optimierung dieses Geschäftsvorfalls identifiziert.

Bei der *Haus & Schloss AG* wurden nun zunächst die Ursachen für die häufigen Rückfragen und Klärungen erforscht und dann entsprechende Maßnahmen für die Optimierung definiert.

So wurde für die Auftragsannahme ein Formular entwickelt, mit dem bei ungefähr 75 Prozent aller eingehenden Aufträge alle notwendigen Informationen vollständig erfragt werden, wenn es komplett ausgefüllt wird. Aus diesem Auftragsannahmeformular leiten sich heute auch die Auftragspapiere ab, sodass zu deren Erstellung keine Mehrarbeit erforderlich ist. Die Prüfvorgänge des Auftragsmanagers beschränken sich heute auf Stichproben. Mit Hilfe dieser Sofortmaßnahmen sanken die Tätigkeitskosten je Einzelfall signifikant.

- Wo sind die Kostentreiber?
- Wo können Sie mit entsprechenden Maßnahmen Kosten senken?

Prozesskosten bei der *Haus & Schloss AG*

Tätigkeit/Prozessschritt	Funktion	Dauer (min.)	Wahrschein-lichkeit (%)	Produktivstunden-satz (€/h)	Tätigkeits-kosten (€)
Auftragsannahme	Auftragsmanager	2,0	40,0 %	84,36 €	1,12 €
Auftragsannahme	Disponent	5,6	35,0 %	98,75 €	3,23 €
Auftragsannahme	Hausmeister	2,0	25,0 %	78,86 €	0,66 €
Rückfragen (Auftragsannahme)	Auftragsmanager	5,0	4,0 %	84,36 €	0,28 €
Rückfragen (Auftragsannahme)	Disponent	10,0	3,5 %	98,75 €	0,58 €
Rückfragen (Auftragsannahme)	Hausmeister	10,0	1, 3 %	78,86 €	0,16 €
Rückfragen beantworten (AA)	Disponent	5,0	3,5 %	98,75 €	0,29 €
Rückfragen beantworten (AA)	Hausmeister	15,0	15,0 %	78,86 €	2,96 €
Auftragsbearbeitung	Auftragsmanager	6,0	100,0 %	84,36 €	8,44 €
Rückfrage (Auftragsbearbeitung)	Auftragsmanager	12,5	20,0 %	84,36 €	3,52 €
Rückfragen beantworten (AB)	Auftragsmanager	10,0	10,0 %	84,36 €	1,41 €
Auftragsprüfung	Disponent	2,4	100,0 %	98,75 €	3,95 €
Auftrag klären (AD)	Disponent	10,0	10,0	98,75 €	1,65 €
Rückfragen beantworten (AD)	Disponent	20,0	10,0 %	98,75 €	3,29 €
Auftrag disponieren	Disponent	7,8	100,0 %	98,75 €	12,84 €
Auftrag verteilen	Disponent	5,2	100,0 %	98,75 €	8,56 €
Auftrag annehmen & prüfen	Servicekraft	1,4	100,0 %	49,78 €	1,16 €
Auftrag klären (SD)	Servicekraft	20,0	10,0 %	49,78 €	1,66 €
Rückfrage beantworten (SD)	Servicekraft	10,0	40,0 %	49,78 €	3,32 €
Anfahrt & Beurteilung	Servicekraft	-	-	-	-
Materialbestellung	Servicekraft	54,0	15,0 %	49,78 €	6,72 €
Durchführung	Servicekraft	-	-	-	-
Rückfahrt	Servicekraft	-	-	-	-
Auftragspapiere ausfüllen & senden	Servicekraft	3,4	100,0 %	49,78 €	2,82 €
Auftragspap. prüfen & abschließen	Disponent	4,6	100,0 %	98,75 €	7,57 €
Auftragspapiere klären (AAB)	Disponent	10,0	40,0 %	98,75 €	6,58 €
Rückfragen beantworten (AAB)	Disponent	10,0	20,0 %	98,75 €	3,29 €
Aktenablage	Disponent	2,9	100,0 %	98,75 €	4,77 €
Auftrag prüfen (AF)	Auftragsmanager	3,6	100,0 %	84,36 €	5,06 €
Auftrag klären (AF)	Auftragsmanager	10,0	20,0 %	84,36 €	2,81 €
Auftrag fakturieren, drucken, versenden	Auftragsmanager	12,3	100 ,0 %	84,36 €	17,98 €

Summe: 115,98 €

Ausblick: Wie geht's weiter?

Von der Analyse des IST-Zustands zum Design des SOLL-Zustands

4. Ausblick: Wie geht's weiter?

Von der Analyse des IST-Zustands zum Design des SOLL-Zustands

Die IST-Analyse ist damit abgeschlossen. Sie haben eine Fülle an Sofortmaßnahmen entwickelt und kennen nunmehr auch Ihre reale Kostenstruktur – für jede einzelne Tätigkeit. Vermutlich haben Sie allein dadurch schon einen großen Anteil an Verschwendung eliminiert.

Mit dem Abschluss der Analyse-Phase haben Sie eine fundierte Grundlage für die weiteren Schritte zur Lean Administration gelegt, und zwar in mehrfacher Hinsicht:

Zunächst haben Sie im administrativen Bereich objektive Zahlen, Daten und Fakten geschaffen und damit gewissermaßen das Licht in der bisherigen Black box Verwaltung angeknipst. Die endlosen Diskussionen darüber, warum etwas nicht geht, wieso man nur auf eine bestimmte Art und Weise arbeiten kann und weshalb Rückfragen keine Verschwendung sind, können Sie damit vermutlich beenden oder zumindestens eindämmen.

Mindestens 70 Prozent der in der Verwaltung entstehenden Kosten können Sie mit den Analysetools aus diesem Workbook von nun an ursachen- und damit prozessgerecht zuordnen, sodass Ihr Gemeinkostenblock kleiner und Ihre Kalkulationen genauer werden.

Sie haben Wertschöpfung und Verschwendung identifiziert und Ihre Mitarbeiter für diese Themen sensibilisiert, sodass diese ihr Know-how in den nun einsetzenden Verbesserungsprozess einbringen werden.

Doch das ist erst der Anfang!

Für die Optimierung Ihres Unternehmens ist nämlich noch eine ganze Menge Spielraum. Sie haben erste Ansätze für Optimierungsmaßnahmen gefunden und umgesetzt und profitieren von den "Quick Wins". Damit haben Sie die ersten Erfolge des Konzeptes der Lean Administration schon vor Augen, sodass Sie und vor allem auch Ihre Mitarbeiter ausreichend motiviert sind, um die weiteren Schritte zu gehen, die mehr Effizienz, Transparenz und Planbarkeit in Ihre Abläufe bringen werden.

Schließlich stimmen Sie nun – hoffentlich – mit uns überein, dass der Unterschied zwischen einem Montage- und einem Dienstleistungsprozess gar nicht so groß ist. Das ist der Grund dafür, dass die Übertragung der Rezepte aus der Industrie auf die Verwaltung so erfolgreich ist.

Sie sind also durch Ihr Haus (oder Ihre Abteilung) gegangen und haben aufgeräumt und offensichtliche Verschwendungen oder Engpasssituationen identifiziert und eliminiert. Auf der Entwicklungsskala der produzierenden Industrie sind Sie damit auf dem Industrialisierungsniveau der sechziger Jahre angekommen.

Verständlicherweise möchten Sie an diesem Punkt nicht stehen bleiben. Um weiter voranzukommen und möglichst schnell das Produktivitätsniveau des neuen Jahrtausends zu erreichen, benötigen Sie weitere Werkzeuge, Hilfsmittel und Tools. Die gibt Ihnen das Konzept der Lean Administration an die Hand.

Wie Lean Administration nach der Analyse weitergeht, ist Thema unseres Workbooks "Lean Administration II".

Jetzt gerät die umfassende Optimierung von Geschäftsprozessen in den Fokus. Wie lässt sich die identifizierte Verschwendung vermeiden? Wie lässt sich nachhaltig sicherstellen, dass Schnittstellen reibungslos funktionieren? Hierbei geht es nicht allein um kleine, punktuelle Kaizen-Maßnahmen hier und da, sondern um die ganzheitliche Optimierung von Geschäftsprozessen mit Blick auf das gesamte System.

Grundlage dafür ist das umfassende Bild über die IST-Situation in Ihrem Unternehmen – mit allen Handlungsfeldern und Zeitfressern, die Sie im Rahmen der Aufnahme identifiziert haben. Daraus ergeben sich die konkreten Ansatzpunkte für die Optimierung.

Bevor Sie an die Modellierung der Soll-Prozesse gehen, sollten Sie sich klar machen, welches konkrete Ziel Sie verfolgen. Wollen Sie die Durchlaufzeit verkürzen? Oder liegt der Fokus stärker auf der Produktivitätssteigerung? Sollen die Abteilungen fit werden, um für eine wachsende Auftragslage gewappnet zu sein? Müssen Sie die Prozesse den Anforderungen des Marktes oder unserer Strategie anpassen?

Auf das jeweilige Ziel stimmen Sie ihre Prozesse ab und können für die Optimierung dann übrigens ganz bewährte Methoden aus der Produktion nutzen. Arbeitsabläufe werden segmentiert und getaktet, vielfach eignen sich zum Beispiel auch "Just-in-Time"-Konzepte, die Anwendung des Einzelstückfluss-

Prinzips (One Piece Flow) oder der Aufbau eines Kanban-Systems für die administrativen Prozesse.

Im nächsten Schritt werden über den Weg der Modularisierung unabhängige, in sich geschlossene Aufgabenblöcke – die Module – definiert, die sich über festgelegte und genau beschriebene Schnittstellen miteinander verbinden lassen.

Haben Sie solche Arbeitspakete identifiziert, gilt es, diese so zu standardisieren, dass sie flexibel eingesetzt werden können. Standardisierte Module lassen sich dann über die definierten Schnittstellen zu Komplettlösungen – also vollständigen Produkterstellungsprozessen – integrieren. Wie ein Häuschen aus Lego-Bausteinen, so wird dann der Auftragsabwicklungsprozess bei einem Anlagenbauer oder die Erstellung einer Versicherungspolice aus den jeweils notwendigen Prozessschritten – den Modulen – zusammengesetzt.

Wichtig ist es, einen lebbaren, stabilen und reibungsfreien Prozess zu gestalten, der mit Ihrer Zielstellung und den (wirklich) unveränderbaren Rahmenbedingungen konform geht.

Auf diese Weise können Sie bei einem Großteil Ihrer administrativen Prozesse erhebliche Produktivitäts- und Qualitätsverbesserungen generieren, die Durchlaufzeiten radikal kürzen und trotzdem auf die individuellen Wünsche Ihrer internen oder externen Kunden eingehen.

So wird aus Ihrer Verwaltung eine "Dienstleistungs- und Servicefabrik", die die Kriterien des Business on Demand – hohe Verfügbarkeit, hohe Qualität, weitreichende Individualität und geringe Kosten – erfüllen kann und damit wettbewerbs- und zukunftsfähig bleibt.

Bleiben Sie dran!

Anhang

- Symbole der Wertstromanalyse
- Tabelle zur Datensammlung
- Formular für Wertstromanalyse
- Formular für Feinanalyse
- Ablauf der Prozessaufnahme
- Tagesbogen für Tätigkeitsstrukturanalyse
- Fragebogen für Informationsstrukturanalyse

Anhang

Symbole der Wertstromanalyse

Zeichen für den Kunden, Auslöser und Empfänger des Prozesses ist.

Der Prozesskasten stellt einen übergeordneten Prozessschritt dar. Prozesskästen werden immer beschriftet. Die Symbole im unteren Teil des Prozesskastens bedeuten:

Anzahl Mitarbeiter, die diesen Prozessschritt durchführen. Hier ist nicht die rechnerische Gesamtkapazität anzugeben, sondern die Zahl der beteiligten Mitarbeiter, die diese Tätigkeit ausführen.

Ungefähre Anzahl der Tätigkeitsschritte innerhalb des Prozessschrittes. Der Wert gibt Auskunft über die Komplexität des Prozessschrittes.

PZ = 5 min.
SZ = Ø
V = 8h/Tag

Das Datenfeld dient zur Aufzeichnung von Informationen über einen Prozessschritt

Bestand physisch: Menge und Zeit physischer Bestände (in Papierform etc.)

Bestand EDV: Menge und Zeit von Datenbeständen (in der EDV)

Bestand (phys.+ EDV). Kombinierte Darstellung von physischem und EDV-Bestand

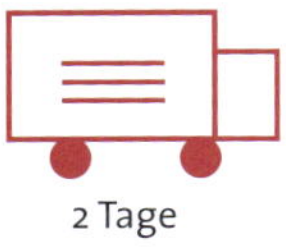

Lieferant, der Material liefert. Anteil und Lieferumfang soll angegeben werden.

Dienstleister, der einzelne Prozessschritte als Fremdleistung zuliefert

Material- bzw. Dienstleistungslieferung durch Lieferanten

Prozessrückfrage: Rückfragen, Recherche und Reklamation bei vorhergehendem Prozessschritt mit Angabe von Anteil und zusätzlich entstehender Bearbeitungszeit

Manueller Informationsfluss, zum Beispiel per Formular, optionale Angabe der Übergangszeit

Elektronischer Informationsfluss

Kaizen-Blitz, markiert spezifische Problemstellen mit Ansätzen für Verbesserungsmaßnahmen

1. Tabelle zur Datensammlung

Geschäftsvorfall	Priorität	Prozessverantwortlicher	Umsatz	Häufigkeit	Durchlaufzeit	Prozesskosten	Preis

2. Formular für Wertstromanalyse

3. Formular für Feinanalyse

Tätigkeitsablauf		INPUT	externe Schnittstellen - - - - - - - - - - interner Ablauf	OUTPUT
Medien / Mittel	1			
	2			
	3			
	4			
	5			
Wie lange?	Bearbeitungszeit			
	Durchlaufzeit			

4. Ablauf der Prozessaufnahme

Vorbereitung der Prozessaufnahme	Während der Prozessaufnahme	Vorgehensweise bei der Prozessaufnahme
■ Termin festlegen ■ Einladung der Prozessbeteiligten ■ Material für Prozessmoderation vorbereiten: Beispielprozesse, Arbeitsmaterial (Flip-Chart, Pinnwände, Packpapier usw.) ■ Arbeitsraum vorbereiten ■ Gestaltung des Ablaufes zur Prozessaufnahme	■ Ziel des Workshops definieren ■ Ablauf des Workshops erklären ■ Prozessdarstellungsweise erläutern ■ Anfangs- und Endpunkt des aufzunehmenden Prozesses klären ■ Prozessbeteiligte aufnehmen (Orientierungshilfe anhand Organigramm) ■ Aufnahmeschema anwenden (Analysediagramm)	■ Prozessaufnahme am Flip-Chart, an Stellwänden bzw. an einer großen Leinwand aus Packpapier, Prozesskarten können geklebt werden ■ Verwendung von Prozessaufnahme- oder Moderationskarten ■ Prozessdarstellung in gut erkennbarer Größe ■ Kennzeichnung von Problemstellen durch Prozessblitze und Dokumentation von Verbesserungsvorschlägen ■ Vereinbarung des weiteren Vorgehens

5. Tagesbogen für Tätigkeitsstrukturanalyse

TSA-Tages-Bogen — **Funktion:**

Nr.	Tätigkeitsart	Geschäftsvorfall	Tätigkeit	Häufigkeit	Dauer

6. Fragebogen für Informationsstrukturanalyse

Aufnahmebogen Informations-Struktur-Analyse (ISA)																		Abteilung:							
1	2																	3			4				5
Informations-lieferung/-bedarf	Abteilungen																	Info-Art			Häufigkeit				Schwachstellen
																		EDV	Papier	mündlich	täglich	wöchentl.	monatl.	jährlich	

● erstellt Information ◖ empfängt Information ○ benötigt Information

Danksagung

Dieses Workbook basiert ganz wesentlich auf den vielfältigen Erfahrungen, die wir in unseren Projekten machen konnten, und auf den zahlreichen Diskussionen, die wir zu dem Thema geführt haben. Allen Gesprächspartnern in Unternehmen und in den internationalen Lean Enterprise Instituten und allen Kollegen, die zur Entwicklung des Lean Administration-Konzeptes beigetragen haben, gilt mein herzlicher Dank.

Herrn Philip Franck danke ich dafür, dass er das Wissen zusammengetragen, ergänzt und abgerundet hat. Frau Katja Nutz danke ich herzlich dafür, dass sie unsere neuen, in der Praxis gewonnenen Erkenntnisse in dieses Buch eingearbeitet hat. Meinen herzlichen Dank möchte ich Frau Dr. Ulrike Schömig aussprechen, die mit viel Geduld und Sprachgefühl das Fachchinesisch der Ingenieure in eine lesbare Form gebracht, die unzähligen Änderungen verarbeitet und für das Projektmanagement verantwortlich gezeichnet hat. Für die Unterstützung bei der redaktionellen Arbeit möchte ich Frau Claudia Cornelsen danken, sowie Frau Imke Krüger für die grafische Gestaltung.

Nicht zuletzt bilden der Rückhalt und das Verständnis meiner Frau und meiner Kinder die Basis für mein Wirken, ohne die dieses Buch nie zustande gekommen wäre. Lieben Dank hierfür.

Dr. Bodo Wiegand